日本侵華間諜史

鍾鶴鳴 著

序

日本之所以戰勝帝俄而睥睨世界的原因，潛在的推動力，可以說情報工作是決定性的要素。因此日俄戰後，日本對於武力的信仰益深，於是抱定他帝國主義蠶食鄰邦的野心，集中情報活動於中國，以為武力侵佔的準備，是以在上海設立同文書院培養侵華的人才，研究中國的語言、文化、風俗、習慣。假通商遊歷名義，深入中國的腹地，作種種祕密活動。且其情報員之高級者，更能利用設藥店，或開旅館，或為書商，或為酒商，凡有固定住址的商鋪公司，變為情報的「郵箱」，為情報員暗遞消息的聯絡機關。至各情報員活動時，或為醫師，或為藥販，或為雜貨販，隨時變更其職業，以應其職務上的便利。「九一八」事件導火線之萬寶山案中的中村事件，這中村震郎事實上的確是日本派遣在中國活動的軍事間諜，誰知道他是如何被殺死的呢？老實說：因為日本官民在中國假借遊覽等名義而實行鬼鬼祟祟的事實太多，早已司空見慣了，所以雖明知他們心懷叵測，軍警當局既無可奈何他，民眾還能對付嗎？至於如何被殺死，中國官民在事先可說都不曾注意到他。自九一八事變以後，日本更在中國各重要地帶普設「特務機關」，大規模從事間諜活動，其中最顯著的要算土肥原所主持的瀋陽與松室所主持的華北兩特務機關。至於日本在中國的使領館，可以說是間諜的中心機關，使館是公開的在辦情報，這且不說：領事館是各省市的情報站，一般洋行商店裡的日僑，則是他們的坐探，被他們收買的洋奴漢奸，便是他們的探子探孫，他們活動的地區，自南到北，自東自西，無論哪一個口岸，哪一個城鎮，換言之，就是任何軍事政治或經濟中心地的茶樓酒肆旅舍車站等交通場所，都有日本間諜的腳跡，他們還有「領事裁判權」作護符，可以趾高氣揚的單刀直入於中國社會的底層，明偷暗搶，採取軍事的或政治的外交的祕密消息，利用密碼電報或祕密的通信法，可以同其本國的參謀本部及駐華特務機關及其他各部分的間諜同僚自由通訊，誰能障礙他一點點呢？

同時中國的警察憲兵或駐防軍，對於「間諜」及「反間諜」訓練與技能，可以說是絕無僅有，除了大城以外的內地村鎮或邊防重地，並無嚴密的關防，內地警察更是沒有常識，畏洋人如鬼神。就是洋人有軌外行動，如測圖攝影之類，還要作為奇蹟，聚眾圍觀，那曾知道洋人的詭計？比如在從前關東軍曾命令天津日本駐屯軍派員攜同華人調查津浦路駐軍軍情，偽稱日報記者並經濟調查專員，公開刺探祕密消息，這完全是間諜行為，在任何國家都是不許可的，而沿途某處公安局長一聞日本軍官來了，如同迎迓「欽差大臣」一般，有問必答，甚至一問十答，事後日本軍官揚長而去，該公安局長還親自陪送到車站，並叮囑路警妥為保護。真是太該死了，世界上哪曾有一個國家對於敵國的軍事間諜，當作「欽差大臣」看待的呢？所以在疏於防範的中國社會，假托旅行家的日本間諜便可大搖大擺在中國名為觀光實則密探。他們十八或二十人一組，藉口旅行，到處遊竄，到一地方便用很靈敏的手腕攝影或測量，一完事便又神氣活現，中國人瞪眼瞧著他們而去，讓第二隊「旅行家」再來工作。地方人士只以為他們是一群遊蕩的遨遊客，行蹤無定，無有蹊蹺，卻不知道就在這飄忽不定的掩護之下，他們已完成了他們的間諜任務！

九一八事變的發生，日軍以迅雷不及掩耳之手段，造成震驚全世界的慘變，細按其佈置措施，與其視為軍事行動，毋寧稱為情報活動，蓋其於東省政治的內幕，實力的強弱，軍隊分配，領袖的性格，隨在皆有精密的調查，籌有對付的方案，經數年的籌備，作此最後的爆發，是蓋情報活動的大暴露。又關於此次日軍空前的大舉侵略中國領土，莫斯科《真理報》曾登載謂：此乃日本間諜在華活動成功之必有現象也。

編者歷數年之久，搜集關於日本侵華間諜的史料足有十萬言，現將其全本具體的事實，客觀的敘述，編成此日本侵華之間諜史，內容雖不十分豐富，但在此淺鮮之十萬言中，已可明瞭日本在華間諜活動之一斑。藉此抗戰期中，凡屬中國人亟宜人手一本，以加強吾人敵愾同仇之心理也。

目次

003 序
008 第一章 日本間諜史之鳥瞰
018 第二章 日本在華特務工作發展的經過
054 第三章 使領館內之諜報組織及其動態
059 第四章 日軍部參謀部在滬之諜報機關
062 第五章 驚人的桃色間諜網
066 第六章 日本駐華的特務機關
099 第七章 祕密報告書
114 第八章 侵華最著名的幾個日本間諜
135 第九章 日本偵探之活動及在華之破壞工作
141 第十章 間諜活動之形形色色
161 第十一章 日人指揮下的白俄間諜網
165 第十二章 日人策動下的漢奸活動
183 附錄一 韓復榘施妙計玩弄土肥原
185 附錄二 馮玉祥對付國際大滑頭土肥原之手段

187 附錄三 川島芳子浪漫史之一頁
188 附錄四 我親手逮捕川島芳子的經過

第一章　日本間諜史之鳥瞰

無論哪一個國家的政府，其所管轄的陸海空軍部及經濟外交等機構中，都必有其情報處部或其他類似的組織，否則不足以知彼己，百戰勝；情報的任務就是在平時和戰時運用各種方法和手段去探聽外國，尤其是對敵國和關係國軍事政治和經濟等政策，實施計劃中的一切企圖和機密，和取得本國軍事政治經濟等實施策略上所需要的一切資料，至於國內反動行為的監視，外國情報人員在本國活動的防禦等自然也是主要任務之一。這不管是強國或弱國，侵略人家的帝國主義也好，要求解放的弱小民族也好，都是同樣地重要和需要的。因為要探聽或取得所需要的情報，自然又非利用間諜活動的方式不可。所謂間諜活動的方式，就是祕密偵探、賄賂、收買、政治陰謀，漢奸活動和暗殺造謠等手段；因此情報的活動和間諜的活動簡直是不能分出彼此，情報人員也可以稱做間諜人員，不過常常因為自己嫌著「間諜」二字太刺耳，不太好聽，所以只稱「情報」不稱「間諜」，而實際上都是半斤八兩的東西，日本也有稱情報為「特務」稱情報人員為特務人員，例如以前土肥原在關東軍裡面主持情報事宜，就稱為關東軍特務機關長，因此「情報」、「間諜」和「特務」都盡是名殊而實同的稱呼。

日本情報事業的濫觴，據史乘所述，確已相當悠久了，幕府時代的德川家康，曾豢養有三百名以上的密探，散佈於日本全國各處，藉以偵探三百個諸侯的動靜，並在戶城戶下建立了「伊賀組」和「甲賀組」這兩種情報組織。

德川家康所豢養的情報人員，在當時是稱為「庭番士」意思和「侍衛」差不多。他們權勢甚大，可以直接謁見將軍，報告由各諸侯方面所得的祕密或陰謀，家康雖高踞府邸中，但對於諸侯間的一切意圖和動態，都能瞭若指掌，應付裕如。

明治維新以後，情報活動暫見進步，在明治初年的時候，薩長互爭雄長，警視廳於反對派常派遣大批情報人員去偵探他們的行動，一般權力階級對警視廳的嚴秘監視，不勝深惡痛絕之，暴露井上候某事件的警察總監川路氏的突死，不能不說是權力階級對警視廳的嚴厲報復。

一九〇五年日俄戰爭爆發，日本情報活動更顯活躍，以一後進的小國而能戰勝老大的帝俄，奠定了日本縱橫東西睥睨世界的基礎，情報的功勞是佔著最重要的價值，日俄戰爭史上鼎鼎大名的日本軍事間諜冲禎介與橫川省三，至今都尚為該國上下所一致崇拜！

迄至近代，日本情報的組織和功能，更臻登峰造極之境，不但在其本國內已建立有水洩不通的最嚴密情報機關，就是在世界各國間也已散佈著星羅棋佈的情報網，東自海參崴以至舊金山，南自新加坡以至我們的上海，北自哈爾濱以至伊爾庫次克都在日本情報活動範圍之內，到處幢幢鬼影，使人不寒而慄！

至於日本情報的作用也是雙層的，分為國內外兩方面，在國外則用以偵察他國的軍事準備，使日本軍部對於假想敵之一切國防獲得最靈敏而確切的情報；在國內則用以掩護日本本國的軍事設備，以資輔助憲兵與警察防範力之不足，以防止他國間諜在日本國的偵察和活動；日本情報的組織系統是隸屬於參謀本部，接受陸軍省的指揮，同時還接受外務省的指導，關於軍事情報，如外國的軍力、軍備、軍事計劃等，是直接向參謀本部報告，關於其他事項，則分別向有關係的機關報告。日本陸軍省預算表中所謂祕密費一項，這便是用來供給和組織情報的活動費，日本陸軍省的預算支出佔日本全國行政的預算支出二分之一，而祕密費的支出又佔陸軍省總支出的三分之一，由此總可想見日本情報組織的如何嚴密和偉大了。

在抗戰期間，中國派駐朝鮮京城總領事范漢生氏，因派駐朝鮮「咸鏡北」區域之「清津」地方領事孫秉乾被日本逮捕案由范氏負責交涉，始得釋放，於范氏返京報告交涉經過時，有人問及日本嚴防外交偵探的情形，據謂各國嚴防使領外交官之有偵探行為，已成為萬國相同之公開祕密，日本之嚴防尤為尖銳化，且分有等級，第一嚴防蘇俄政府之駐日外交官，中日問題雖多，尤以「九一八」以來為甚，照理日本嚴防中國外交官當列為第一，而所以至今仍列為第四者，以為中國之偵探工作落後，尚無資格列入嚴防之第一等也，彼邦且稱全世界之偵探工作牛耳，第一等為蘇俄，第二等即為日本，但有時日本與蘇俄且可並駕齊驅云。

上面說過日本情報的工作是用雙層的，分為國外和國內二種，其活動的方式也分為對內和對外二方面，對內方面目地在於掩護日本國內的軍事設備，防止外國間諜在日本國內的偵察與活動，完全是一種消極的預防工作，因此「反間諜」網就佈滿了全國各地，密探如雲，無論哪一個國家到日本去觀光的人士，都必有密探暗中跟隨著左右，要塞地帶當然不許參觀，就是普通什麼消息也洩露不出去；對各國駐在東京的大使館，防範尤嚴，大家都公認「所謂大使者，乃為了本國利益而說假話被送到外國去的正直的人，使館人員的外套裡面，盡是偷天換日的法寶」，因此日本的便衣偵探，總是川流不息地在使館前後逡巡著，一對炯眼無時不瞧著出入於大使館的車輛牌照的數字和送往迎來的男女來賓們動態，更有進者，日本的「反間諜」還要時常運用種種方法打進各國使館裡去充當低級館員或侍役，既可一探使館人員的行動，又可乘機走漏各種重要消息，日本外務省與警視廳及憲兵的防範工作，和中央郵便局的郵電檢查，卻已盡到他們的職務了。一九三七年，日本憲兵曾在東京破獲一著名的桃色間諜案；東京訊：印度獨立黨人沙伯爾滑爾亡命日本已數十年，曾為美國某通訊社社員，對於日本情形十分熟識，以通訊社員資格，當初入於各國公使館，時有發出不利於日本的新聞稿，早為警視廳所注意，「二二六」事件發生時，在美國俱樂部與美大使等會談，有供給情報之嫌疑，為東京憲兵特高課檢舉，在其住所搜出證據，已判明有報告軍事、政治機密、產業調查之事實：沙伯爾滑爾並不像一醜陋之印度黑炭，架一副白金眼鏡，十足印度之美男子，英語又流利，交際尤高明，而日本有閒階級之主婦、藝術家、文士、女教師、女學生有崇拜外國人之弱點，據特高課報告，單獨至寓所訪問者有百數十人之多，與其通訊者二十五人；發生關係者九人，在其住宅搜查時，女性送來之玉照及並攝如夫婦者二三十張，其中二三張有親愛的簽字，並已查出有許多名貴的夫人，都和他有深刻的關係云云。

同年四月，東京憲兵隊也發現一洩漏軍機的「日本奸」案，電通東京二十四日電：東京憲兵隊四月初以來，檢學東京世用谷大師堂兒童畫報製作之池田和三郎，認為違反軍機法繼續重審訊，頃判明池田於大正七年被近衛軍步兵第一聯隊前之某照相館雇用以來，即出入該聯隊攝影軍事機密照片，並將鐵條網破壞法，戰車抵抗力試驗，大砲祕密射擊試驗等之照片售於當時肄業陸軍大學之某學生，前後二次得千五百六十元。

對外目地在於偵察他國的軍事準備，使日本軍部對於假想敵的國家之一切國防，獲得靈敏而確切的情報，日本所謂假想敵究竟是那幾個國家呢？這只稍微關心國際事件和略懂世界形勢的人，都是不難知道的。所謂遠東問題，太平洋問題和中日問題等，都是日本所最關心的。我們從這幾個重要問題中，就可以認出日本的假想敵來。在大陸方面，自然是勢不兩立的蘇聯，在海洋方面自然是利害衝突的美國，中國固然是老大病夫，不值一擊，不堪為敵，但自「九一八」、「一二八」以來，中國民眾的猛省自覺，以及數年來政府和民眾合作所努力的復興運動，都已使日本不敢大意了，茲將日本對這三個假想敵國所實施的情報活動情形述之如下。

先說日本在蘇聯方面的情報活動，大家都說日俄戰爭又將爆發，已成為不可避免的事實，就是他們二國的國民，也有這同樣的觀感，在大屠殺的前夜，二國非武裝的間諜戰比什麼一切都來得重要和緊張。因為這種間諜戰就是武裝決鬥的前背戰，凡屬遠東方面蘇俄的軍事根據地，如海參崴，中東路一帶和伊爾庫次克以下的西伯利亞鐵路一帶，無不是日本軍事間諜出沒的地區，有時還利用白俄及朝鮮人，以增進工作的順利進行，在中東路一帶，日本的情報大本營是哈爾濱，在西伯利亞鐵路一帶為伯力，所活動的目標為由海參崴以上的蘇聯沿海省及阿穆爾省的各處軍事要塞。

路透社巴洛夫斯基電稱：在一九三七年，蘇俄當局捕獲在蘇俄遠東領土活動之日本奸細二十一名，二月二十七日開始審訊，該奸細係奉日本政府派遣「滿洲國」之軍事視察團之命，潛入俄境，入烏蘇里斯克組織偵探機關，由日方供給槍械子彈。

同年十二月海參崴也有捕獲日間諜之新聞，中央社上海四日電：據同盟東京電，海參崴日人商船組社員那賀一郎，以軍事偵探之嫌疑被蘇聯當局逮捕，判決死刑。頃據駐海參崴日總領杉下致外務省公電，那賀被捕時，其同伴之一俄青年失其蹤跡，現有疑問，該青年揑造間諜事件，遂捕那賀亦未可知；蘇俄當局最近深恐其充實遠東軍備祕密之漏出外間，壓迫日僑，並驅逐出國，外務省當局重視本事，特電令杉下總領對蘇政府提出嚴重抗議。

其次說到日本情報網在美國方面的活動情形。日本間諜在美國活動頻繁的地方，大致是在聖地亞哥、巴拿馬、菲律賓群島及夏威夷群島一帶，因為這一帶地方就是美國向日本作軍事包圍的一條路線，日本不能不打進去偵察美國的軍事配備，聖地亞哥為美國西岸重要海軍軍事要塞、驅逐艦隊、潛水艇隊均駐紮於此，且開有海軍航空港，海軍陸戰教練港，這不能不使日本情報網特別注意。巴拿馬運河為美國大西、太平兩洋艦隊作戰時補充和增援的生命線，倘日美有事於太平洋上，巴拿馬運河作用的重要可想而知，因此日本在該處的情報網也比其他各處佈置得特別嚴密，比如一九三四年美國艦隊通過巴拿馬運河之試航，事先因嚴禁洩露消息，然試航時某時經過某處，日本的報章，均能登出很詳細的消息，足見日本情報網的活動能力之偉大，還有已故日相大隈伯爵當年曾有一句豪語謂：「美艦如果利用巴拿馬運河入太平洋危及日本安全時，兩岸日僑三十萬，均可受命全體入河中，以塞其途，」這事雖未必有，日本之重視巴拿馬運河，已毫無疑問；並且巴拿馬美國雜誌主人郎斯凡爾氏，一九三四年十二月也曾在紐約發表過下面一段話謂：「如有敢死隊二十人，即可使巴拿馬運河於十二小時內毀為粉碎」，又云：「卜居運河地帶之日本人，百分之七十五皆無固定收入，設理髮所者終日不剪一髮，設襯衫廠終日不售一衣，設料理館者終日不烹一菜，漁夫所用釣竿，以鋼為絲，以鉛為餌，其端無鉤，故其工作僅係測量運河之深淺而已」。

此外菲律賓及夏威夷群島一帶也是美國太平洋海空軍的根據地，其使日本之重視也是必然道理；茲據一九三七年洛磯杉路透社電：美海軍退役徵員湯姆森，日海軍少佐宮崎被控違犯間諜法，並密以關於國防消息報告日本，計罪狀十九款，湯姆森已繫獄中，現信宮崎已於當局開始偵查關於太平洋艦隊的消息，及戰艦軍備祕密詳情洩漏前即聞風逃回日本去。

同年十一月紐約電也謂：第二次世界大戰的風雲一天緊張似一天，美國沿海岸的外國間諜也一天多似一天，在去年一年間，歐洲各國用於間諜工作的金錢，推計美金五千萬元，亞洲方面只日本一國就用去美金一千二百萬元。

再要說到日本情報在中國的活躍情形，日本對中國之重視與志在必得，除了食毛踐土，喪心病狂的傀儡漢奸以外，我想總不會再有人否認了。日本的情報網的組織何等嚴密，情報員的活動何等靈敏，中國民眾和地方軍警幼稚淺薄之程度，在世界各國中又是毫無疑問的首屈一指，是以日本以短小精悍，訓練有素的情報人員面對這毫無防範的對象，勢必如入無人之境，所向無阻，情報的取得，當不啻探囊而取物。在這不但說不上「反間諜」、「反情報」就連普通偵查和監視的技能也還非常薄弱的中國，而報章雜誌上每天尚有日本間諜在華活動的消息刊載。（真的破獲的自然是絕無僅有）日本間諜在中國無孔不入的論斷，又自非危言聳聽了。至日本情報人員在中國活動的目標和所應履行的職務等問題，編者雖已在中外報章雜誌上搜集了近十萬言的史料，但也不能夠詳盡，可是我們若能注意觀察和留心事實，固然不易窺見日本間諜活動的全貌，但也不至完全找不到敵人謀我的端倪。從前述的意義上說日本情報的目標不外在中國軍事政治和經濟各方面情報的刺探，做為侵略我們的張本，至於他們在各種目標中所應執行的職務，這完全是由於他們已定的國策的需要而決定的，我們自然不易知道他們所懷的確是什麼鬼胎。但是他們挾其高強的情報技術，兼有各種不平等條約為護符，在這國家關防毫無，國民智識低落的中國來偵查我們的祕密，可以說是比我們自己來偵查還要容易多多，因此所謂「日本人知道中國比中國人知道中國更詳細」一語，當非故甚其辭的宣傳作用了。我們僅從日人目標於一九三二年九月間柏林紅壘報（Der Rote Sufbau）上所述關於日本參謀本部規定軍事間諜在中國應做到的數種簡單任務，我們自己也就不容易做到了。

一、軍事間諜應於無論何時於該偵察區內的中國軍隊之軍力軍械，分佈及活動計劃，加以最審確之注視，凡中國國內無論發生何種變化軍事間諜應即刻報告東京參謀本部及同在中國從事間諜行為之其他同人。

二、軍事間諜當深切認識中國各地方的特徵條件，並隨時注意鐵路交通上最微細的變化，對於軍械儲藏所在及彈藥庫所在，尤應特別注意。

三、對於一切軍營要塞，對於一切可能改為製造軍械場所之工廠，軍事間諜皆應力求認識與熟悉，並應計劃如何臨時控制該地電話電報之交通。

四、軍事間諜當設法鼓動華人對於日本之信仰心，在可能情形之下，並應與中國之地方文武官憲締結私人間之交往，以便觀察彼等個人之品性，以及彼等計於其軍事政治上之同國的敵人之意見，並偵察彼有無其他的祕密活動。

五、軍事間諜對於其所偵察的城市之經濟的情形及要事，殊有認識並瞭解之必要，對於鑛業，銀行，商務企業之有關於軍事方面的條件，尤應特別注意。

他們僅做到以上所述的幾點，也已不愧為「中國通」了，何況所說尚是軍事間諜工作的一部分，他們所謂為「中國通」確實是為祖國效過忠勞，甚且中國人自己不易通的，他們也能通之，「春江水暖鴨先知」一語，確是日本間諜在中國活動情形一句最適當的素描。

英國一位著名學者路威說：「一位訓練成熟後的間諜，其活動的效力至少可以及一師最精銳的軍隊」，何況敵人間諜之在中國，已不啻水銀之瀉地，無孔不入呢？法國人曾說過：「在法國的德國人全是間諜」，這話雖未必盡是事實，可是，「在中國的日本人全是間諜」，已經成為不能否認的事實了。

第二章　日本在華特務工作發展的經過

第一節　日人對華問題的研究

在王古魯氏的鉅著《最近日人研究中國學術之一斑》的導言中，曾經這樣地說過：

戴季陶氏說：「你們試跑到日本書坊裡去看，日本所做關於中國的書籍有多少？哲學、文學、藝術、政治、經濟、社會、地理、歷史，各種方面，分門別類的，有幾千種。每一個月雜誌所登載講中國問題的文章，有幾百篇。參謀部，陸軍省，海軍軍令部，海軍省，農商務省，外務省各團體，各公司派來中國長住調查，或是旅行視察的人員，每年有幾千個。單是近年出版的叢書，每冊在五百頁以上，每部在十冊以上的，總有好幾種。一千頁以上的大著，也有百餘卷。中國這個題目，日本人也不曉得放在解剖台上解剖了幾千百次？裝在試驗管裡化驗了幾千百次？」……戴季陶氏所以要說上述一段話，因為他看到國人對於日本的情形太不明瞭，覺得中國在目前真不應該再有「思想上的閉關自守」和「知識上的義和團」的現象，故而舉出這種事實來，說明中國人研究日本問題的必要。可是著者（王氏自稱）對於這種同樣的事實，卻另有一種觀察。記得在東京就學的時候，時常腦筋中發生一種疑問，日人如此研究中國，究竟有什麼動機？很想進一步要解答這疑問。日本人何以要把中國這個題目，放在解剖檯上解剖幾千百次？放在試驗管裡化驗幾千百次？他們的解剖，用什麼方法解剖？他們的試驗，是怎樣的試驗？他們注目點在什麼地方？實施解剖或試驗的是那一種人？解剖或試驗的經過情狀和結果是怎樣？

王古魯氏本著上述研究的動機，蒐集種種難能可貴的資料，積近十年之心血，完成鉅著，造成中國人對日問題研究史上空前的記錄。

編者著手蒐集資料的時候，最初無論是看見了出版物的廣告，雜誌的記事，或書籍，我第一注意的，是書的本質和著者，其次注意出版地點和出版的年月，隨手摘錄，愈集愈多。漸漸從這種資料裡分別出「純學術的研究中國學問」和「為政治上經濟上的目的而研究的所謂中國問題」二大類別來了。第一類我亦注視未嘗有所疏忽；可是因為第二類，對於中國關係太重，所以使得我不能不特別注意。日本研究中國的出版物之繁多，亦不過近二三十年來的現象，（指第二類的著作而言）因為可以從書籍的出版年月來往上追溯；還可以從團體或機關的成立年月來往上追溯，可以證明這是完全事實，因為研究此種團體或機關成立的動機，所得的結束，證明日本人的研究中國問題，最早始於明治初年西鄉隆盛派員來華的偵察。

一、日人研究中國問題的開始

日人為政治上經濟上的目的而研究中國問題，其發動力完全在於日本維新事業的成功，以及清朝中國統治力薄弱的暴露。我們要曉得德川幕府的傾覆，固然有許多許多的原因，可是歐美勢力的東侵，幕府的退讓，實在構成了倒幕的主因，這是就他們維新志士推翻幕府時候所喊的「尊王攘夷」的口號，可以明白的了。幕末日本外來的壓力，大體分兩方面，一是北方俄國的南侵；二是南方歐美各國商船的來航。這種外來的壓力，引起了日人圖存發展的心理。佐藤信淵既著《經略中國論》，詳述襲取中國全版圖的步驟，他又著《混同秘策》，主張先攻南洋，然後逐漸推廣，使全世界為日本所有。橋本左內主張日俄同盟，經略滿韓，擴張版圖於海外。吉田松陰則主張應責朝鮮納質奉貢，一如古時，北割滿洲之地，南收臺灣呂宋諸島，以示進取之勢；又云應積養國力以攻取朝鮮，中國，滿洲，至於平野國臣的《神武必勝論》之中，則云：「自今而後，必須決定遠征，奮發自勵，以期必勝。以今日天下大勢而言，『攘夷』尚未能決定，遠征之說，似過於誇大，但出而外征，與守而安內，其戰則一。所異者，僅有「製造砲艦之多少，與夫勞費之大小」而已。及其成功，神國武威，永輝海外，皇統神脈中興，將制馭萬國於億萬年。不亦快哉！此千載一時之機也。」而總合此論調，樹立後日南進北進二大政策之基礎者，為勝海舟的主張。勝海舟氏為日本海軍先進，他主張擴張海軍，經略朝鮮，設立有力的根據地，然後漸次經略中國，稱霸東洋，而與歐美各國對峙。此種主張，影響所及，就產生了明治初年的「征韓論」。

我何以要提起「征韓論」？因為這是近代日本向大陸進展的開始點！也就是日人研究中國問題的原動力！可是明治初年的征韓論，並沒有實行出來，否則也等不到日俄戰爭之後才合併的了。當時握有實權的參議岩倉具視，大久保利通，才戶孝允等所以主張先行改革國內政治者，並非他們真正反對征韓，他們怕本國實力不充，不敢妄動，招清俄干涉，而毀明治維新初創的基業，關於這一點，戴季陶氏在他的《日本論》中說得很透澈，他說：

大家以為明治初年的「征韓論」是薩藩西鄉一派鼓吹出來的，其實不然，薩藩裡面的人，主張征韓，並不在薩藩之後。木戶孝允，大木喬任並且是最初頂熱心主張征韓的人。大木喬任有一篇文章論日本的國是，說世界各國，惟有俄國是頂可怕的；是頂能夠妨礙日本大陸發展的。日本如果要在大陸發展，應該要和俄國同盟。中國的領土，就可以由日俄兩國平分。這個意見，木戶孝允極力贊成，以為是日本建國唯一的良策。不過後來大家雖是理想一樣，政策上打算就不同。主張征韓的，以為「國裡面的封建制度廢了，不趕快向外發展，那些沒有米吃的武士們，怕要鬧亂子。」反對的人說，「日本國裡面的政治，還沒有改良，力量還沒有充足，趕快要整理內政。」相差的地方，不過如此，並不是根本上有什麼兩樣。

日本黑龍會主幹內田良平氏的《漢城私研》（見《日韓合邦秘史》下冊）亦說：

武斷派有知彼之明，而知己之明，或不及文治派，文治派有知己之明，而知彼之明，或不及武斷派。唯其知彼，故對外方針，有一定的見地……

戴氏的說明，指出了二派意見不能相合的癥結所在，而內田的言辭，指出了二派互有長處互有短處。「唯其知彼，故對外方針，有一定的見地」數語，確是一針見血之談，因為西鄉隆盛決然主張征韓之先（一八七二年）早已密派近衛陸軍少佐池上四郎，陸軍少佐武市熊吉（正幹）外務權中錄彭城中平等三人，改扮商人，變名為池清，劉和等潛入東三省各地調查中國的實情了。他們經歷了奉天，遼陽，海城，蓋平，牛莊等一帶城域，分地理，政治，兵備，財政，風俗等項目詳細調查，對於清俄動靜，瞭若指掌。他們看到中國當時，適值回亂，同時看到東三省的兵士怯懦，政治昏暗，商民怨嗟，所以斷定日本如欲解決韓國，正是一個極好的機會。西鄉的堅決主張征韓，實由於他們三人的詳細報告，西鄉不僅想征韓，企圖向大陸進展，他亦會打算，在中國南部覓一根據地，以便與英美爭雄。所以在明治六年（一八七三年）派海軍少佐（後升海軍大將）樺山資紀及海軍大尉兒玉利國赴華南及台灣（民國十三年台灣蘇澳群群長藤崎濟之助在樺山與生蕃武太社酋長會見之處，樹立「樺山公遺跡之碑」以資紀念。）偵察各地情形，又命陸軍少佐福島九成祕密入台灣，實測地形。當時適有日本畫家安田老山，遊歷中國，他就同安田商妥，改裝做安田的隨行學生，避免中國官吏注目，竟將台灣地形，實地測繪成圖，後來西鄉從道侵略台灣的時候，得力於此圖之處不少。從上面這幾件事看來，我們如果要追溯近代日人研究中國問題的鼻祖，那就不能不推西鄉隆盛的了。不過我們所須注意的，在西鄉氏主持調查中國的時期，還是著重於知道中國的實力，能否干涉日本掠取朝鮮等地的企圖，他們對於中國尚存戒懼之心理。

二、大規模的研究時代

甲午戰後，台灣因而被割；日俄構和。朝鮮隨之淪亡。日人公私機關研究調查中國者，宛如雨後春筍，而且秩序井然，已到大規模的研究時代了，從這個時候，私人調查，固已漸漸集合而成一永久團體，繼續從事；而政府亦隨時勢之需要，而公然由官方機關主持調查事務。戴季陶氏所述日本研究中國問題的情形，實指此一時代。關於此時期內日本公私機關所發行的關於中國問題的刊物，多不勝舉，今單就主要研究中國問題的公私機關觀之：

（一）私立機關團體著名者有東亞同文會、東洋協會，黑龍會、東亞研究會支那問題研究所、日滿文化協會、滿洲文化協會、東亞同文書院支那研究部、駐華各地的日本商工業會議所，以及各學校的類似支那研究會一類的團體。

（二）官方機關有外務省、商工省、參謀本部、海軍軍令部、日本在關東州的最高行政及軍事機關、南滿鐵道株式會社、前青島守備軍司令部、臺灣總督府、正金銀行、臺灣銀行、朝鮮銀行等。

三、日人研究中國問題的主要範圍

以西鄉隆盛為中心的時期，他們研究中國問題的主要範圍，在於調查中國北部實情，有無妨礙他們在朝鮮發展的力量，調查南部實情，有無可以掠奪為南進根據地的地點。因為當時清廷雖是積弱，底蘊尚未完全暴露，所以那時候只希望清政府對他們的行動不掣肘就好了。至於大陸進展云云，不過是他們一種幻想的目標而已。是從朝鮮事變以後，以迄中日、日俄二戰役時止，此一時期內浪人對華的活動，已經因朝鮮方面受中國掣肘，而想先將中國解決，在圖朝鮮了。此一時期內他們所注意或調查的問題，在於如何始可使此老大地國分裂，減少其實力；或如何聯絡祕密團體，社會上著名人士，以及用兵上必須具備的知識，如何於萬一國交破裂時，有利於日本。至大規模研究時代，情形與上述相異。蓋自甲午戰爭之後，日本即割得臺灣為經營南方的基礎；日俄戰爭之後，日本又強借關東州及南滿鐵路為進窺大陸的大本營。到了歐戰其間，又藉口參戰，占領青島，設立青島守備軍司令部，在此期內官方已公開的研究中國，而私人活動亦漸漸集成團體與官方相呼應，步驟已趨一致矣。官方機關調查任務，顯然以臺灣總督府主持調查中國西南各省及南洋方面；而以滿鐵及關東州軍政機關主持調查東三省，蒙古方面，旁及山東省，歐戰期中且以青島守備軍司令部主持調查山東省及中部各省。此外各地領事館，各銀行，各團體，亦各有目標，認定研究。他們所研究的問題，亦漸趨實質的問題，如鑛產交通之類。就其注重於各地風俗，習慣，賦稅的情形，我人苟一想及日滅朝鮮，台灣之後，從速成立「舊慣調查委員會」一事，亦大致可以窺見他們的用心了。

第二節　浪人開始活動時期

西鄉隆盛的征韓企圖，因舉兵失敗而告一段落以後，可是他的餘黨還是分散潛伏於民間及軍隊之中，仍舊進行西鄉的遺策。有一部浪人如平岡浩太郎，頭山滿等輩，就創立了一個玄洋社，（據木下半治氏所著《日本法西斯蒂的解釋》，此名表示「越玄海灘而向亞細亞大陸進取」的意思，這完全是日本現在法西斯蒂團體所號召的大亞細亞主義的最初的實行團體。前任首相廣田弘毅氏與此社關係頗深。）專事謀劃如何可以引起日清戰爭，以便乘勢合併朝鮮。一方面政府當局，雖則反對西鄉的急進主張，可是實際上並非處於絕對的反對地位。所以對韓的步驟，始終不懈。韓國新黨受日本公使庇護，氣勢益盛，於是釀成光緒八年（一八八二年）韓國新舊黨的交鬨，亂中並焚毀日本公使館。日本政府視為有機可乘，即決定派兵，護衛公使花房義質回韓，以便有所舉動。不意直隸署督張樹聲氏以迅雷不及掩耳的手段，早遣北洋提督丁汝昌，道員馬建忠率艦赴韓，拘送大院君李星應至保定，亂事遂告平定。日方雖得簽訂《濟物浦條約》，獲有駐兵權利，但與其預定計劃，則相差甚遠。所以玄洋社首領頭山滿氏說：

取「大」則「小」亦可不勞而獲。如取中國，則朝鮮亦不招而自來。故與其對付小小的朝鮮，毋寧處置廣大的中國。

因了朝鮮方面受到中國的掣肘，就轉變而生「先行謀華」之念，這是十足表現當時紛紛來華活動的日本浪人的心理。在此期內，若輩所注意或調查的問題，在於如何始可使此老大帝國分裂，減少其實力。當時浪人在中國各地調查活動的情形，擇要誌之於左：

一、福州組與芝罘組的活動此二組開始活動，都在光緒十年（一八八四年）中法戰爭的前後。福州組的首領是山口五太郎及海軍大尉曾根俊虎（此人早年曾遊歷華南各港，調查兵要地誌，著有《中國近世亂誌》、《各砲台圖》、《法越交兵記》、《俄清之將來》等書。）陸軍中尉小澤豁郎（此人於一八八三年抵福州後，即從法國領事法蘭頓氏轉錄法氏偷繪的福州砲台全圖，其後左宗棠提大軍南下福州，又以金錢賄通落魄軍官黃竹齋，偷得全軍緊要圖冊，送日本參謀本部參考。）等。他們的根據地是福州蘆山軒照相館（主人為日人木村信二。）芝罘組的領袖是當時日本駐芝罘領事東太郎，領事的寓所，就是一般浪人的寄足之地。此兩組浪人正在祕密活動之際，恰巧中法在諒山發生戰爭，福州組就想乘清廷無法兼顧的時候，聯絡哥老會領袖彭清泉等一派，與芝罘組南北呼應，同時舉事，企圖推翻清廷。不料此種計劃為日本政府所悉，恐怕因此引起國際問題，乃出面干涉，所以這兩組浪人的計劃，遂告失敗。然而現在華南山東方面日本浪人的活動偵察，還是從那個時候打成基礎的。

二、上海的東洋學館派此派首領為末廣重恭，佐佐友房等，後援人物，即係玄洋社首領平岡浩太郎，他們認定上海是東洋第一要港，所以主張在上海設立學校養成日人青年子弟，使得他們曉得中國國語國情，以作後日經營大陸的準備。所以明治十七年（一八八四年）就在上海崑山路設立一個東洋學館起來了。設立期間，雖只有一年，然其中就學的日人後日頗多從事偵察中國各地的任務的，（例如後文第三節所述荒尾精所招的浪人之中，山內岩、高橋謙等人即係東洋學館中的學生。）而後日的日清貿易研究所以及至今尚存的東亞同文書院，都是承受這一個系統的。

第三節　甲午戰前偵察中國之人物與機關

甲午戰前日本參謀本部海外諜報武官荒尾精在華的活躍時期，其範圍之廣，人員之多，幾開以往之新紀錄。荒尾到中國，雖是奉著參謀本部的密令，擔任諜報職務，可是他得著岩田吟香的樂善堂的財力援助，才能大規模地活動。所以我們如果要曉得荒尾的活動之重要，我們必須先要明瞭岩田吟香的為人，以及樂善堂的情形。

岩田吟香，日本岡山縣人，諱國華，通稱銀次，其初亦名太郎，幼曾就津山藩儒者昌吉氏研究漢學，故對於漢學造詣極深。其後又曾借寓橫濱美僑海本博士家中，協助博士編纂和英辭書，故精通英語。明治元年海本博士偕其同來上海，著手印刷事務，留滬二年書成，名曰《和英辭林集成》。此書為日本獲見第一部的和英辭書，及至明治五年二月東京《日日新聞》發刊，岩田即任該報主筆。筆力雄健，縱談時事，大為時人所重，與成島柳北，福地櫻癡，石井南橋等並稱日本四大記者，明治七年西鄉從道率軍侵略台灣，岩田得陸軍當局諒解，隨軍出發，專撰軍事通訊，為日本開記者從軍的先例。因之，《日日新聞》推銷益廣。明治十年，岩田脫離《日日新聞》在東京銀座開樂善堂木舖，發賣「精錡水」眼藥。此藥調劑方法，完全由美僑海本博士所贈與，用來報酬岩田助理編纂《和英辭林集成》之辛勤者。此種藥水，極有奇效，銷路極廣。明治十一年岩田又親赴上海，在英租界河南路開設樂善堂分堂，在中國內地，擴張「精錡水」銷路，此外，他還經售守田氏的「寶丹」以及其他日常用品，數年之間，獲利頗豐。岩田心思又極靈敏，富於創才，發明岩田式銅版活字，翻印漢籍。於是所有諸子百家之書，版框原極巨大，不易攜帶。及至岸田用銅版活字，印小字袖珍本之後，一般人闈與考之秀才舉子，以其攜帶便利，爭相購買，樂善堂獲利日夥，而岸田亦面團團作富家翁矣。但岸田雖富，而個人目光，仍不外乎如何使日本富強；如何可使中國入日本掌握。惟因本人孤掌難鳴，蘊蓄未發，適遇荒尾渡海西來，交換意見。志趣既合，岸田既願以樂善堂所獲利益後援，荒尾積年的希望於是竟得著實行了。

荒尾奉派之後，先到上海，因為知道岩田是同他本人一流人物，所以就去訪問岩田。他告訴岩田，本人渡華的目的，以及對於東亞所具的遠大抱負。岩田頗為傾倒，並且代為設計云：「足下如欲調查中國大陸，最好化裝為商人，較為便利。本人可助一臂之力，當在漢口設立一樂善堂支店，委君經理，足下可分頭派人赴中國各地販賣本堂藥物等品，既可掩人耳目，又可將售得之款，供調查費用。」荒尾大悅，立即允諾。隨赴漢口開設支店。

漢口樂善堂支店開設之後，荒尾立即馳函上海天津等處日本浪人，招往加入調查。應函而至者，有浦敬一、山崎羔三郎、藤島武彥、井深彥三郎、高橋謙、宗方小太郎、山內山品、中野二郎、中西正樹、白井新太郎、石川伍一、片山敏彥、維方二郎、井手三郎、田鍋安之助、北御門松三郎、廣岡安太等。集合之後，他們決定的方針，主張第一步改造中國。他們內部的組織，區分全部人員為「外員」、「內員」二種。外員任對外調查，調查項目為土地、被服、陣營、運輸、糧食薪炭、兵制、兵工廠，此外對於山川土地的形狀，人口的疏密，風俗的善惡貧富，都用軍事的經濟的見地，實地調查。各人所得調查報告，送本堂「內員」整理。「內員」共分三部：（一）理事；（二）外員股，執掌整理調查報告任務，審察在外幹部情況，摘錄國內外大勢的消息，以供外員參考，輔助各外員的活動；（三）編纂股，就各地彙送的報告以及東西洋新聞紙上的消息，凡可供他日參考之事件，擇要編纂，並且蒐集各種書籍，以供堂員研究。堂設長堂一人，總轄全堂事務，督率內員外員，注意事業的進退及大勢，計劃進行。嚴戒堂員云：

> 我黨目的既極重大，故任務最重，豈輕進緩漫所能致耶？一舉一動，有關興廢之處不少，故宜深謀遠慮，慎重蹤跡行動，必須萬無一失，乘機敏斷，以達目的。因之，平常與外人交接，態度務須穩重，不可流露少壯書生的狂態，尤其與華人相遇之時，尤應謹慎，既係化裝商人，故談述事項，全須集中商情方面，以免被人察出真正面目。

外員除上述調查項目外，他們對於各地人物，亦須詳細報告他們的住所，姓名，年齡等等，以備後日萬一之用。他們注意的，是下列六種人物：（一）君子；（二）豪傑；（三）豪族；（四）長者；（五）俠客；（六）富者。

「君子」一項，他們又拿來區別為六等人物：

一、有志於救全地球者為第一等；

二、有志於振興東亞者為第二等；

三、有志於改良國政以救本國者為第三等；

四、有志於鼓勵子弟而欲明道於後世者為第四等；

五、有志於親立朝端治國者為第五等；

六、潔身以待時機者為第六等。

上述一項，完全用以粉飾門面，而主要眼目，尚在下列幾項。

他們所說的「豪傑」是：

一、企圖顛覆政府者；

二、企圖起兵割據一方者；

三、對於歐美在國內的跋扈，深抱不滿，而欲逐之國外者；

四、企圖倣效西洋的利器者；

五、有志於振興工業者；

六、有志於振興軍備者；

七、商業鋸子；

八、提倡振興農業者。

注意事項：凡有下列缺點者，雖具上列某項條件，應視為不合格者。凡品行不足為人儀表；智不足以分嫌疑；信不足使人守約；廉不足以分財；見危而圖苟免；見利而圖苟得者，皆是也。

他們所指的「豪族」，就是名家或富室之後。他們以為此類人物，在一鄉一鎮之間，都有相當名望，如得一人，猶如獲得一鄉一鎮的人民。

他們所指的「長者」，就是家富而好濟貧；在鄉間排難解紛的人物。鄉望素孚，如得一人，亦猶如獲得一鄉一鎮的人民。

他們所指的「俠客」，就是那般奮不顧身，喜打不平，救人於危的人物。平時頗得血氣方剛的青年子弟所崇拜，有事之際，如得其振臂一呼，得益不尠。

他們調查之際，如其發見有上列的人物，一面除詳細探查其行動外，一面窺伺機會，設法與之接近，以備後日之用。他們又知道中國下層階級中祕密結社之風甚盛，並且亦有相當的勢力，所以他們到處探查哥老會、九龍會、白蓮會以及「馬賊集團」等等活動情形，以圖利用。

當時尚在甲午戰前，中日實力尚未判分之際，此輩浪人尚不敢如今日之公然跋扈。所以身任調查者，首須練習華語純熟，改蓄髮辮，身衣華服，留意各地風俗習慣，假裝商人，避人注意，而實行偵察手腕。我人對彼輩浪人之用心，固宜深惡痛絕，但若輩之不懼艱險，為祖國作侵略先鋒的行動，以與國人早期之僅事口頭呼號，不曾在實際上用工夫以救祖國危亡者相較，國人思之，能無汗顏？！

樂善堂的調查中國，完全以漢口為中心，荒尾任堂長總理其事，中野二郎副之，調和浪人意見，襄助進行一切。因為應招而至的浪人（玄洋社亦派人參加）頗多，所以就在各地分立支部。

一、北京支部派宗方小太郎為主任，支部人員主要任務，在於探查官吏人物，以及中央政況。

二、湖南支部派高橋謙為主任，駐長沙。荒尾以清季湖南人才輩出，中興清室。所以目湖南一地，對於中國前途有莫大關係。因此，密令堂員應切實調查民情風俗，以便知悉實情，而籌對付方策。

三、四川支部及至決定在重慶設立四川支部，乃命高橋赴川主持，而令山內嵓繼續主持湖南支部。荒尾以四川雖僻處中國西隅，但以地勢關係，自成別一天地。因此目為樞要之區，如至必要之時，此地可作優良的根據地。所以除派高橋而外，還派遣石川伍一，松田滿雄，廣岡安太等協助主任調查事務。

他們在上述各地所設的支部，表面上大體是一個雜貨舖子。他們拿這種舖子作大本營，分別帶著雜貨，喬裝行商，遍歷內地，茲略舉支部人員調查情形於下：

一、石川伍一與松田滿雄，他們調查的區域，是以四川為中心，足跡遍全蜀，深入內地，直達西藏邊境，備歷艱險，觀察山川形勢人情風俗。松田曾受苗蠻包圍，設計脫險；石川為中國官吏察覺，下獄一次，亦伺隙越獄而歸。此二人所送本部的報告書，龐然巨冊，附以地圖，祥密之極，當時日本軍事當局得之，目為貴重資料。

二、廣岡安太，（明治十九年來華）在未加入樂善堂之前，已經跋踄華北各省，調查山河險夷，及風物實狀。後至漢口，以本人目的與樂善堂相合，故即加入。及至奉派隨高橋赴川，不久即決定單身赴雲南，貴州苗族地帶，選擇適當地點，從事畜牧，一面調查所需資料，一面化為土著，以圖籠絡苗族人心。自明治二十二年（光緒十七年，公元一八九一年）四月出發重慶以來，蹤跡不明，究係途中為苗蠻所殺？抑係隱匿苗蠻之間，以謀待時而動，這是值得四川，雲南，貴州人士注意的。

三、山崎羔三郎，此人係日本福岡玄洋社社員，明治二十一年加入樂善堂。化裝華人，改名為常致誠（字子高）。以言語根底較淺，自稱福建人或廣東人，避免注意。他的調查範圍，在雲貴方面，先扮走方郎中，及至所帶藥材售盡，又改扮卜者，繼續前者，其次為中國官方所疑，逮捕拷問，始終堅不吐實，最後竟得釋放。他的任務，要想替樂善堂覓一根據地，可以割據，普招亡命之徒，生養訓練，乘機以圖大事。最初因圖應接便利起見，擬在北方尋覓，後因北方為清廷基業之地，防衛較密，不易潛伏割據，故目光轉注雲貴。身經猺獞苗蠻居處，遍歷瘴癘毒霧，最後病倒於雲南邊境，狼狽而歸漢口。計劃未告成功，浪人之不幸，亦中國之幸也。此君後於中日戰役中陣亡。

四、藤島武彥，此人於十七歲時投荒尾，聽其指揮。所任調查區，在甘肅方面，預定在蘭州開設書店以作根據地。偕浪人一，雇舟載書籍溯漢水而行，途中遇水寇。藤島自稱福建人，從容書示寇首趙某曰：

觀公狀貌，當係一方豪傑。何以不掠富豪，而劫余小商人耶？余殊為可惜。

寇首見其臨難不慌，奇而釋之。藤島即贈以手槍一支。寇首大喜，誓為傳令沿途盜夥保護。後趙某因案被捕，繫於襄陽獄中，藤島聞之，兼程赴援，及抵襄陽，趙某已被處極刑，藤島乘隙竊首而歸，據云趙某部下，對之感恩極深，浪人之懷柔趙某部下也如此，其用心不可謂不深矣。

明治二十一年春，樂善堂人士獲聞俄國行將實現建築西伯利亞鐵路計劃，以及延長中亞細亞鐵路至伊犁計劃，群謂計劃如果實現，俄國勢力日漸南下。中國固有被其吞噬之虞，同時日本向大陸進展之迷夢，亦將為其打破。鳩首集議，以謀對付央最後決定派遣浦敬一率同輔佐人員，速赴新疆，遊說當時的伊犁將軍劉錦棠，如得混入劉之幕中，以幕僚地位，進獻防俄人南下策略，更為上策。浦氏進行事項。堂中詳細規定如下：

一、視察將來俄兵進兵路線的伊犁路、阿克蘇路、塔爾巴哈臺路、喀什噶爾路等處實在狀況。

二、訪查日後可作新疆防禦的地點，並考定利用地形及氣候的方法。

三、視察新疆的回族、屯田兵、流人等狀況。並考定日本如果利用彼等，可得多少力量？如欲延攬此輩人心，究應用如何方法著手？

四、調查清政府防禦俄國的方法；配備軍隊的地點；統治回漢人民有無岐異的待遇？處屯田及流人的情形；以及獎勵開墾畜牧的方法。

五、調查清廷維持新疆所需的經費以及經費的出處。尤須注意清廷對於土人，屯田兵等課稅的稅則。

六、視察新疆各地的畜牧、耕作、商業、庫藏等實況，算定其物資的多寡。且探查清廷於戰爭期中，準備用如何方法運輸供給物資？

七、視察新疆各地要路及回漢人民相處情勢。並估定如須派遣人員前往工作，幹部支部應如何配備？需用人員幾何？

八、調查畜牧開墾商業等實在情況，確定將來派遣的幹部支部可以經營的事業，以謀新疆幹部支部利用贏餘供調查費用。並須估定本部應為新疆幹部支部籌措多少資本？

他們此去還想在新疆任務完畢之後，就去視察西藏，因為西藏與英領印度及緬甸接境，他們想去觀察境界上形勢，熟籌防禦英國從緬甸侵入西藏的方略。浦氏雖非軍人出身，但對於軍事知識平時留意之極，故荒尾以此種重任委之。浦氏與輔佐人員北御門松二郎，河原角次郎出發之際，原期先至甘肅蘭州至上述之藤島武彥書舖支取經費再上征途。不意藤島一如上述，中途遇寇並潛往襄陽盜取寇首，以致浦氏等在甘肅尋訪不遇，無法補充旅費，北御門及河原二人不願前進，初次出發，於是失敗，明治二十二年春，浦氏又決心再赴新疆，遂於二月二十五日出發。此次偕行者為藤島武彥氏，攜帶書籍藥品，先溯漢水，其後棄舟登陸，越終南山，四月中旬至陝西西安。途中浦敬一氏改稱宋思齋；藤島武彥改稱宋克己，在西安盡力推銷所帶貨品，以集旅費。六月中旬自西安出發，經鳳翔府而入甘肅，九月至蘭州府。他們本來打算從此經嘉峪關，過玉門縣，入沙漠地帶，然後至哈密。再自哈密經吐魯番，烏魯木齊等處而達目的地伊犁。不意旅費日漸減少，藤島表示退出，浦氏即自所餘旅費七十餘兩中取五十餘兩繼續前進。一去之後，杳無消息，不知存亡。初浦氏出發之際，曾約定云：「如至明治二十五年夏間，樂善堂仍未接到予之消息時，則予已失蹤，可續派人員前往新疆繼續進行事業」。同時已約定凡過新疆南北路的都邑，在城門洞中壁上，必留下記號，說明住處。其後派人前往，亦未發見。樂善堂中人，已目其與上述之廣岡安太不在人世，故於上海建立招魂碑以誌紀念。但日人之中，至今對於浦氏的行蹤不明，傳說紛紛。或云彼已混入蒙古牧人之中，從事牧羊，懷柔慓悍之喀爾喀族，為其盟主，以備後日雄飛。或云彼已轉入西藏，捨身為喇嘛，大事收攬人心，以圖集權力於一身。此種傳說，無論確實與否，確值得中國人的注意。

樂善堂人物，自明治十九年荒尾渡華以來，活動甚烈。荒尾雖任參謀本部諜報武官，職僅中尉，官方支給費用有限，所有全部人員費用，都仰給於樂善堂，三四年之後，樂善堂幾至破產，岸田氏至時始面現難色，荒尾於是不得不另覓出路了。

第四節　日俄戰時日在華特務人員之活動

一、日俄戰役中日探的活躍

日人之圖謀大陸，已匪朝夕，而日人之圖謀，竟無往而不利者，據余的觀察，完全由於事前軍事密探之偵察周密所致。例如田中義一奉派赴俄入亞歷山大第三十四聯隊見習，就帶回了對俄問題報告書，使參謀本部得到極好的參考資料。他們憑藉了密探的活動力，覓得俄國沿黑龍軍管參謀中佐杜樂夫所編的《東亞作戰地概論》（此書共分四卷：（一）北滿洲（二）南烏蘇里（三）南滿洲（四）朝鮮。上有「極秘」二字，並印「將校之外，不許閱覽」。可知日軍當時借重此書之處極多。不獨不欲普通人民閱讀此書，即軍人除將校上級軍官外，亦概在禁閱之列），使戰事方面獲得便利不少。然此種活動，身任其事者，當時亦非容易。他們不獨使俄不知他們的任務，並且還對於一般的日人，亦不顯露他的真相，以免洩漏僨事。記得某日人曾經談過一件事，覺得很有意思。據說海參崴那裡，有一個京都西本願寺的別院，明治三十年（一八九七年）春天，主持僧侶更易，從國內派來了兩個和尚，一個叫做清水松月；一個叫做伊藤洞月。他們對於布教事業，極為熱心，而且人格高超，很使得當地日僑對之發生信仰。其中的松目和尚，在院三年，時時往各地巡視，最後到過伊兒庫次克，就歸國去了。僑民對他感情極好。所以就同日本派駐海參崴的商務官交涉，請他出面向西京本願寺要求重派松月和尚到海參崴去。可是本願寺所給商務官的覆信，卻說「尊函所述的僧侶本山並無此人」，商務官就覺得事有蹊蹺，所以並沒有將覆函宣布，只說松月和尚，事實上不能再來。直至日俄戰爭之後，日僑才知道他並非是和尚，他是大本營幕僚陸軍少佐花田仲之佐。三年之間，他在海參崴調查到了不少的資料，不但沒有被俄人知悉，並且連日僑都被他瞞過，就此亦可見密探之不易為了。他們的活動，簡直上下一致，打成一片的。當時的參謀本部的第一部長（後任參謀次長陸軍少將）田村怡與造大佐，在明治三十二年夏間（一八九九年）也曾到過西伯利亞去偵察。他為了避免俄人注意，改扮商人，先到海參崴。他要去偵察要塞，他就和商務官二橋謙商量妥貼。到山中去的時候，他同內田良平（後日黑龍會主幹）裝做從者，隨二橋打獵：到海岸方面去的時候，內田改扮漁人，田村改扮助手，下網捕魚。數日之間，將要塞全景，偵察無遺，浪人方面，亦紛紛潛入各地，密探一切，甚至賣淫妓女之中，亦隱伏此種密探，在俄國電員手中，騙得密電碼，俄國測量船中所雇之日本船員，亦能乘俄人不備，密抄俄人所測倍靈海峽的測量圖。在俄人防備森嚴之中，日人尚在獲得上述的結果（當然我所不知道的尚多），試想中國今日門戶如此洞開，他們亦一無顧慮，自由行動，其禍可勝言乎？

二、參謀本部特派諜報班

這是明治三十六年（一九〇三年）十二月間決定派出的。主要的活動人物，是天津步兵第九聯隊陸軍步兵大尉土井市之進與近衛步兵第四聯隊大隊長江木精夫少佐。他們的任務是「潛入東三省預備在開戰後調查俄軍的行動及兵力，用適當的方法，在適當的時期內，報告北京公使館武官或大本營」。翌年一月初出發，一月十日抵北京，潛入化石橋《順天時報》社，旋赴公使館訪公使內田康哉武官青木宣純大佐，告以任務大要，並面商此後指導及援助事宜。

次即計劃潛入東三省方法，以言語種種關係，決定改扮僧裝，並由《順天時報》社中島真雄介紹華僧墨禪同行。墨禪替江木少佐提名覺然；替土井大尉提名悟省，並為二人設法北京禪宗總本山的度牒，置備僧衣僧帽。二人乃於二十日出發的前夜剃髮。他們最初的目的地，是營口，因為那裡有東肥洋行，可以潛伏，東肥洋行主人松倉善家，卒業於荒尾精在上海所辦的日清貿易研究所中，所以當然對他們極力援助。他們是一月二十三日到營口的，翌日他們馬上就去訪問領事瀨川淺之進及武官川崎良三郎大尉，備悉俄軍在南滿洲的行動及配置的大要。因為風雲日急，經協議之後，決定由土井大尉偕東肥洋行西崑趙國藩潛往奉天，同時順便視察沿線各地情況。調查結果，察知遼陽較奉天重要，因為這是交通要衝，戰爭開始，此地必為俄軍的集中點，所以認為如能在遼陽覓得一隱匿場所，則收效必多。乃回營口報告。斯時已由松倉氏介紹海城人王子修任俄語通譯，並由王子修提議，改扮商人前往，墨禪已無用處，即遣令先回，遂於二月六日出發，同行者為江木少佐，森協源馬，土井大尉，王子修，趙國藩等五人。先過牛莊，寓王氏友人陳家，嗣後沿路宿王氏友人家中，最後決定江木森協二人折回牛莊陳家，潛伏以作將來蒐集及傳達情報的準備。而土井大尉則偕王趙二人潛伏於遼陽南門內天欲興雜穀商舖堆貨小屋之中。此時（日俄開戰為二月七日，井等於十六日抵遼陽）俄軍軍運甚繁。所以就著手密查，其方法如下：

（一）使王子修募集海城附近的壯漢，以二三人為一組，每夜至潛伏地點訓練。

（二）訓練項目，使之辨認俄兵肩章上文字，帽子上番號，肩章及帽帶的顏色，軍袴的側章。又教之辨認俄國花文字及阿拉伯數目字的記載法。

（三）訓練純熟之後（訓練大致三日至五日）分五人為一組，派往「北自開源，南至大石橋」的各火車站，每日從日出至日沒之間，所有南來北往的各列車，一一詳細調查記錄其內容，每夜送土井處。

土井潛伏小屋內，絕不外出，每夜接到報告後，即編撰報告，翌晨請人專送牛莊陳家江木少佐處，少佐再參照當地情形，分別輕重，轉送山海關守備隊長及川中佐處，囑用電報或文書，送大本營或北京公使館武官室，在一月之內，所有俄軍調動情況，無不備悉。四月初旬，得報俄人在鞍山站向陽寺高地開始防禦工事，土井即潛出遼陽入鞍山站西方約二里地的騰鰲堡，投宿於王子修所熟識的華店之中，改裝苦力，偵察工事，獲悉砲台及其他大體形勢，繪成略圖，飭人送交牛莊江木少佐轉送大本營。本人則安然返遼陽城中。四月下旬，俄軍戰事不利，決定以遼陽為第二線陣地，並以遼陽城為中心，在東南西三面構成半圓形陣地，開始工事。土井又扮苦力，繪得略圖。斯時俄軍已隱約知悉城內伏有日本間諜，故搜查甚嚴，同時下令凡出入城門之華人，須一律脫帽，聽候檢查是否假辮，因日人偽裝華人時，假辮都縫在帽子上也。俄軍防備既如此森嚴，同時參謀次長兒玉源太郎中將亦有命令，囑土井等脫離險地，乃設計離遼陽，轉輾赴錦洲，繼續諜報任務。當時諜報機關本部部員如左：

陸軍步兵少佐江木精夫，陸軍步兵大尉土井市之進，俄語通譯王子修，華語通譯森協源馬，趙國藩自次以後，以迄翌年三月，諜報機關設於錦州，而志願擔任諜報任務者頗多，所以偵察網四布。派佐藤長治（擅長華語，蓄有辮髮）研究俄軍服裝及報告式樣，然後再派至遼陽城內天欲興舖內潛伏。派趙國藩為鞍山站火車站密探主任。又派中町香橘，興津良郎二人赴大石橋火車站作間諜。（當時尚有遼陽人於沖漢持滿洲軍總司令部參謀福島少將介紹函，希望從事諜報。採用之後，不久，即與王子修發生意見，本部不得已改派於氏任海城火車站密探主任，未幾即逃去云）三十八年初日軍逐漸進展，同時錦州諜報機關所派出之火車站密探線亦逐次向北方延長，其範圍遍及奉天，鐵嶺，開源，公主嶺，長春等處。範圍既廣，集中報告困難，所以決定在新民府設立一中間機關，使報告得迅速發揮效力。

嗣後諜報本部，曾遷移數次，而其遷移原因，頗足供世人從事諜報者之參考。

（一）首先移往鐵嶺，但因鐵嶺位居日軍中央後方，密探非通過二軍陣地，則無法潛入俄軍後方。較之以前，從側面潛入，困難增加數倍。以致各地火車站的報告以及鐵道以西的敵軍行動等等，都不能如期到達，故不能不再遷往鐵嶺西北的康平地方。

（二）遷至康平之後，又因此接近第一線，敵軍小支隊時時來襲，密探出入，又感困難，最後遷至通江口，始得如前繼續任務。

此項機關，對於日軍極有貢獻，至日俄和議成立，始行解散。

三、北京特別任務班

除上述參謀本部諜報之外，參謀本部並密令駐華日本文武官吏組織特別任務班，從事活動。當時北京方面有公使內田康哉，一等書記官松井慶四郎，二等書記官鄭永邦，高洲通譯官，島川通譯官，小林俊三郎，公使館武官青木宣純大佐，輔佐官佐藤安之助大尉，北京駐屯軍隊長山本延身等；天津方面，有伊集院總領事及仙波駐屯軍司令官。三十七年（一九〇四年）二月四日參謀本部電令青木大佐切斷北京恰克圖間電線，青木大佐立即依命實行，（二月五日夜間津久居大尉與前田豐三郎早間正志等三人，在八達嶺山將聯絡歐俄的電線割斷。並分別將營口普蘭店間電線，芝罘旅順間電線割斷。以致旅順俄軍尚不知仁川俄軍已為日軍偷襲擊敗，所以當東鄉艦隊於二月八日襲旅順當夜，俄將尚沉醉於歌舞場中云。）同時公使館陸軍武官寶正式編成特別任務班。其人員及任務規定如左：

第一期特別任務班

本部：青木宣純，佐藤安之助，日高松四郎。

第一班（分兩分班）

第一分班（伊藤班）六名（赴海拉爾方面）

步兵大尉伊藤柳太郎，吉原四郎，前田豐三郎，大島與吉，若林雄進。

第二分班（橫川班）六名（赴齊齊哈爾方面）

橫川省三，冲禎紹，松崎保一，脇光三中，中山直熊，田村一三。

第二班（津久居班）六名（担任破壞牡丹江鐵橋）

步兵大尉津久居平吉，田實優，松岡虎熊，樽崎一良，大重仁之助，井上佐太郎（舊姓米津）

第三班（井戶川班）九名（以內蒙彰縣為根據，使用馬賊，破壞長春以南的鐵道，並擔任攪亂後方及諜報勤務）

步兵大尉井戶川辰三，河崎武，奈良崎八郎，古賀準二郎，大津吉之加，松岡勝彥，村岡政二，原田鐵造，久采甚大。

第四班（橋口班）十二名（擔任奉天以北的活動）

步兵少佐橋口勇馬，早間正志，井上一雄，中島比多吉，田彌助，石丸忠實，福崎四郎，小池萬平，古莊友祐，井深彥二郎，飯田正藏，堀部直入。

第一班的活動：全班人員計十二名，二月二十一日黎明，紛紛改裝為蒙古人，喇嘛僧，苦力等情狀，自北京出發，二十九日傍晚抵喀喇沁王府。王府中因有日女河源操子任家庭教師，所以很受優待。其後漸進至烏丹城北方三叉路口，乃分兩班。伊藤班趨海拉爾；而橫川班趨齊齊哈爾。四月十一日橫川班宿營於杜爾齊哈驛與富拉爾吉驛之間蒙古包內，擬炸毀齊齊哈爾附近嫩江的富拉爾吉鐵橋。翌晨松崎，中山，脇，田村等前往偵察鐵橋的時候，橫川與沖二人，為杜爾齊哈驛駐屯西部護路軍司令部巡邏軍卒發現，捕送司令部，及至偵察得悉為日本密探班，立即派兵追捕松崎等四人。四人不飲不食者三週夜，雖得避免逮捕，但一至扎蘇王旗領域，又遭蒙古土人槍擊，均飲彈而亡；而橫川等二人，則被送哈爾賓軍法會議審判，均處死刑。橫川班六名，無一生還。第二班伊藤等六名，於四月十九日抵海拉爾，因俄兵嚴重警戒，未能破壞鐵橋，僅於哈拉哈附近，炸毀鐵路，小試其技而返。

第二班的活動：二月末自北京出發，經古北口，出喀喇汝，更至錦州，改裝農民直至農安。因行動可疑，為土民所捕，設法逃出。其後與馮麟閣杜立山金壽山等聯絡，擔任調查敵軍狀況及炸毀鐵路等任務。

第三班的活動：全班九名，三月八日自北京出發，在東遼河一帶試炸鐵路，又在小庫倫附近，操縱馬賊，掠奪俄軍輜重。並於新邱附近龍岡方面，以蒙匪首領巴布札布為中心糾合蒙古馬隊千餘名，自稱「欽命正義軍」，以彰武縣大蘭營子為根據地，時時威脅俄軍右背，直至戰役末期。

第四班的活動：三月九日自北京出發，先入熱河，在陽義縣方面，召募馬隊二百名，直迫敵背，雖無多大結果，但俄軍對於後方，頗感不安，在軍事上牽制的效果很大。

第二期特別任務班

三十七年七月底，駐華武官青木大佐率同輔佐官佐藤大尉，進駐錦州，指揮特別任務全隊，這是完全戰域擴大的自然結果。當時以錦州為中心而活動的特務人員，除上述諸人外，尚有：

步兵大尉篠田武政，步兵大尉長渡忠被，步兵大尉藤田鴻輔，步兵中尉小松秀夫，騎兵中尉宮內英熊，工兵中尉高橋富雄，成田安輝，逸見勇彥。

別動班：步兵大尉川崎良三郎，高部翁助，入交佐之助，野中右一，中野金藏，安生順一。

後方勤務者，日高松四郎，黑澤兼二郎，宮川鹿之助，自從青木大佐進駐錦州之後，上述之第一期特別任務各班，均於七月三十一日解散；從新於八月一日在錦州組織第二期特別任務班，同時舉行「以滿蒙馬賊為基本」的東亞義軍結黨式，以備北方敵人。茲略記第二期特別任務班陣容如左：

改造第一班（橋口中佐指揮）八名

橋口勇馬，鎌田彌助，早間正志，古莊友祐，飯田正藏，逸見勇彥，大重仁之助，成田安輝。

改造第二班（井戶川少佐監督）

步兵少佐井戶川辰三，松岡勝彥，村岡政二，若林龍雄，森田兼藏。

單獨行動者四名，前田豐三郎，大島與吉，松岡虎雄，楢崎一良。

別動組三名，井上佐太郎，尾崎濟，松本菊熊，

此次第二期特別任務班的活動，主要目的在於操縱馬賊，第一班橋口中佐，以馮麟閣為主張，率張海鵬杜立山等部下，而命大重仁之助指揮之：另以逸見勇彥指揮田義本田尊三，以成田安輝指揮越貫軍，向北方進展。第二班在井戶川少佐監督之下，以巴布札布為中心，稱「欽命正義軍」北行，而以松岡勝彥，村岡政二，若林龍雄等人任指揮，從學游擊戰。此期活動，據云所收功效極佳。

四、芝罘特別任務班

芝罘守田少佐的特別任務班，尚遠在日俄開戰前二年成立。明治三十五年二月參謀次長田村怡與造少將帶同小山秋作大尉遊歷中國的時候，順途至保定訪問直隸總督袁世凱，表示俄國在滿洲的軍事行動，有發生重大結果之虞，希望中國與日本共同取監視行動，充分偵察，以防萬一。據日人記錄，謂袁氏表示同意，所以雙方即成立祕密協定。是年六月二十八日駐箚芝罘的守田利遠大尉（後升少佐）赴保定，與北洋大臣軍事顧問立花小一郎，公使館武官握川重太

郎兩少佐同訪袁氏，依據袁與田村所成立的協定，大體約定如下：

（一）袁總督對於東三省及山東省的偵察，全部委任守田大尉；所有清國派往各地的偵察將校，在芝罘受守田大尉的指揮。

（二）派駐東三省及山東各地的清國將校所發送的情報，先送守田大尉處，再由守田大尉綜合之後，送日本參謀本部及清國直隸總督。

（三）東三省及山東各地派遣將校的駐在地，由守田大尉決定，第一步規定芝罘、奉天、哈爾濱、富拉爾基、琿春、青島等地，各派清國中尉一名駐箚，如遇必要，則移至鐵嶺、海拉爾等地。

（四）袁總督，立花小一郎少佐、北京日本公使館武官竇守田大尉之間，另編密電碼，以便通報。

此項密約，據聞在日俄戰役之中，完全實行，袁氏派出偵察的將校，實達十六名之多。在開戰之前月（即三十七年一月）二十一日，參謀本部第二部長福島安正少將即訓令守田少佐，囑令連絡山東省及遼東半島的馬賊，務使中國苦力不為俄人所用。乃召售金州的王日成、汝南沁、營口的程克昌，商議操縱馬賊的方策。不久即接參謀次長密電，囑守田利用馬賊焚毀俄軍在東三省各地的火藥庫及糧食庫，即依命派遣王汝二人前往。開戰的前數日，北京特別任務班既奉命遣津久井平吉、早間正志、前田豐三郎等馳往八達嶺，切斷歐俄連絡電線，芝罘方面，亦由木曾、渡邊二兵曹切斷芝罘旅順間海底電線（同時營口的川崎大尉亦命高部翁助，入交佐之助切斷營口蓋平間的電線）使俄方消息不靈，在軍事上發生窒礙。在開戰之前，守田已委託上海東亞同文書院的學生岡野增次郎調查旅順要塞實情，岡野乃改扮某店店員，細心偵察者一月，共繪成旅順要塞海陸兩正面砲臺堡壘略圖及旅順要塞海陸兵營位置圖。開戰以後，守田再招岡野，囑其將略圖，重繪詳圖，於是岡野祕密收買俄探紀鳳臺部下，專任建設砲台堡壘的工程師張清等三人，就原圖補正最近增添的部分，圖成即由守田轉送大本營應用，收效甚大。五月二十日守田率領中日人員四十八人，在遼東半島煤窰上陸，立即分向復州，普蘭店、得利寺、娘娘宮方面，偵察敵情，從此「守田特別任務班」在東三省開始活躍，其後，隨戰時的推移，偵察班本部向前方移轉，派遣密探數十名，偵察敵情，時時急報第二軍及大本營。當時參加此班的重要人員如左：

伊藤俊三、岡野增次郎、田鍋安之助、川上賢三、江良文輝、址本與之助、一十太郎、長田吉次郎、陳中孚、鄭德祥、高山開藏、佐佐江嘉吉、吉見圓藏、森井貫之、土井直五郎、岡本治壽、細野長年、小倉常吉、大角六左衛門、松永峯次、谷村源藏、小坂貞一郎、伊木虎吉、西山保壯。

他們除偵察敵情以外，還擔任為第二軍兵站徵發華船。至六月二十四日，又奉大本營命令，退回芝罘，專任偵察旅順方面，取締俄方在山東與遼東間的聯絡。一次芝罘俄國領事館雇船送重要文件至旅順，即被其中途襲取，送歸大本營，以供參考。他們為偵察敵軍後方情形起見，即派遣坂本與之助率領中國密探十數人在芝罘碼頭，見有海參崴營口安東縣旅順大連方面，歸來之中國旅客，紛紛招待至密探本部留宿，並殷勤款待，旅客無不墮其術中，將本人所見所聞，詳述無遺。而密探人員，即祕密記錄，送供大本營參考，據云此種工作，極為良好，往往在無意中獲得情報參考的好資料云。

此班除上述活動之外，亦曾派人至遼東半島組織「忠義軍」擔任游擊任務。一如上文所述，在日俄開戰之前，守田已派遣王日成、汝南沁二人赴遼聯絡馬賊，但遲不見效。守田乃遣伊藤俊三赴貔子窩一帶，嗾使馬賊及團練會，結成祕密團體，名稱「忠義軍」以便在日本第二軍上陸之前，混亂俄軍耳目。至四月三十一日，又命陳中孚及小倉常吉等迅速在貔子窩附近登陸，立即召集當地的馬賊團練會等，先在瓦房店車站附近炸毀鐵橋，然後割斷瓦房店熊岳城間的電報線。陳中孚等到達目的地之後，鑒於馬賊不易招來，所以改變方針完全以各地團練為主力，著手組織，基本部隊共有八十餘名，其中以孫家溝的劉其敏，一拉塔的梁伯川、莊河的陳錫九、高丕儒等為中堅人物，當時忠義軍的幹部人員，大體如下：

陳中孚、小倉常吉、李吉亭（以上三人為守田所派往）劉其敏、梁百川、陳錫九、馬丕儒（以上為本部員）張福田（一班長）李明儒（二班長）李忠和（三班長）張彩庭（四班長）曹喜亭（五班長）王秀山（六班長）李忠盛（七班長）李玉和（八班長）。

他們的活動，曾經替日軍炸毀鐵道橋梁，割斷電報線，紛紛往前線偵察敵情，日軍前進之後，又擔任維持後方治安，為日軍效力不少，但日人究不敢過分信託，一至八月，即囑令解散。

上述之外，尚有參謀本部直接派遣的花田仲之助，率同玄洋社浪人安永東之助等數十人，潛入東三省組織「滿洲義軍」，成績亦甚著。總而言之，日俄戰役之中，日軍所以終得獲勝者，固由於海陸軍的士卒用命，但戰前及戰事期內的日本特務人員的活動，有利於作戰方面之處極多，又以其善於操縱華人為之奔走，故只須三數日人，即可分頭擔任極重要的工作，萬一遇險，所犧牲者甚小，而收效則甚大也。

第三章　使領館內之諜報組織及其動態

第一節　大使館情報部之內容

日本對華之侵略政策，乃欲達到其侵佔領土與市場之目的，以資傾銷生產過剩之日貨，故日本異常注意中國政府之組織與軍隊等之動態。日本駐華使領館為調查中國政治、軍事、經濟、社會等之情況，特設有情報部與其他偵察機關等專負其責，每年在中國所用之機密費（情報費與宣傳費）近一千萬元，一九三七年日本外務省亞洲司中國局之預算中，機密費更增至一千萬元以上，其增加之理由略謂：「本外務省須與中國密切聯絡，並使駐華之外交代表詳為收集各種情報，藉為改善外務省之工作也。」

日本大使館情報部，成立於一九三二年十月專營一般政治情報，現任部長係蘆野弘，自川越接任大使以後，並擴大情報部之組織，為增強各支部之情報業務效能起見，並派富於情報工作經驗者為支部之負責人，計南京由堀勇三男、濟南由鐮伯五郎、青島由岡田市次、成都由岩井英一、漢口由日領館館員永吉田一、九江由南達夫、宜昌由泉野等分別負責，並為使傳遞消息迅速便利計，各支部均各設置電台，其他如活動等費用等亦得視情況之需要，隨時增加，故聞工作成績已更見進步云。

第二節　滬總領事館各偵察機關之狀況

上海為中國最大之都會，商業繁盛，人口眾多，且為中國的惟一通商要埠，日本當局以其甚為重要，對偵察機關之組織極為週密，且除與在華各關係機關取得密切之聯絡外，均係受東京方面直接指揮而係獨立性質之組織，茲將各偵察機關之情況簡要分述如左：

一、領館偵察機關：設在領事館內，接受東京日本外務省之命令，擔任調查一切政治，經濟及黨務性質之工作，其報告直接寄往東京，不受大使館之干涉，負責人為正副領事等。

二、軍事偵察機關，設在武定路九十七號日本大使館武官辦公處，由喜多武官直接指揮，規模甚大，其中間諜計為日本人十五名，中國人二十五名，朝鮮人五名，白俄及其他國籍等十餘名，共計有五六十名之多。其主要任務有二：（一）調查中國長江流域各種防禦設施，軍隊駐紮配備情形，（二）調查英美法俄等國在中國長江流域之艦隊噸位，陸戰隊之數量及作戰之實力，軍事要員活動之狀況等。

三、朝鮮偵察機關，在鮮督代表直接指揮之下，由領事館警察協助進行工作，其任務係專負偵查旅華朝鮮人及台灣人之行動。尤其注意朝鮮革命團體之活動。

第三節　新聞報館與其他商業團體之祕密組織

一、上海乍浦路四五五號《日日新聞》報館，受日本軍部之津貼，且係日本軍事偵察之補助機關，日本有一部分之間諜均利用該報之「記者證」以為深入中國各地施行偵察工作之掩護，該報主筆石川氏與軍部關係甚為密切。該報前曾與日本大使館之「新聞股」合作，收買我新聞界人員，先後被收買者，已數達十人之多，如吳公漢（《日日社》）劉祖澄（《神州社》）王乃勛（《大晚報》）沈千里（《中聯社》）等均已被日方收買，其目的專在偵查我黨政軍情況，以供日方並作反中央之言論，據查悉定有保障辦法三項：

（一）如發生事故時，可稱已受日商報館僱用，日領署即提出抗議；

（二）如移入司法範圍，由日本方面負責；

（三）如精神上受到痛苦時，當給以物資上之獎勵。此項辦法，只限於供給情報之記者方得享受云。

並另定有工作實施綱領數條：

（一）調查中央一切黨政軍重要祕密消息；

（二）調查中央黨政軍要人在滬之住址，往來情形；

（三）調查全滬人民團體之地點，組知情況，負責人之姓名、年籍、出身、經歷、背景及其活動之情形；

（四）盡量拉攏華記者，月貼車費；

（五）成立中日記者協會，並招待華記者免費赴日考察。

其他尚有在滬之「國際通訊總社」「日本電通社」及「新聞聯合會」等若干機關亦與日方之情報部有密切之關係。據聞「國際通訊總社」社長為北岡，副社長為蘆野，該社為日本情報部之御用機關，一切經費之開支均由日本情報部付給，用以調查中國沿海港口之軍事消息及擔任其他軍事通訊連絡云。

二、「伊藤一郎英日翻譯所」，該所係日人伊氏所開設者，該所偽稱係美國商行，但實際並未在美國領事館註冊，該公司專給日人擔任各種祕密商務之接洽及情報之傳遞云。

至其他商業團體與日本情報機關有關係者亦甚多，如各日本銀行及運輸機關，「居留民聯合會」「日本在華私有紗廠聯合會」等是也。

第四章　日軍部參謀部在滬之諜報機關

第一節　少壯派軍事間諜團之內容

日本在滬少壯派軍人所組織的「軍事間諜團」，為優秀的青年軍官所組織，其工作方法如左：

一、化裝潛入日人在滬所開設之紗廠中充當工人，以便從中接近工人，並利用漢奸刺探華方情形；

二、藉工人名義進入華方軍事機關拜訪有關係工役，從中探聽軍事消息；

三、利用各種參觀團或考察團名義往我內地參觀，乘機探察中國國防建設及軍事之行動；

四、利用高等漢奸在舞場中用重金收買一等交際花，再由舞女用種種手段引誘我軍政長官，以便從中刺探軍事政治等重要消息。

第二節　在滬組織之諜報聯合偵查所

日軍部方面為謀便利偵查中國各方面情形以及統治情報工作起見，乃與參謀本部駐滬辦事處，日使館情報部，憲兵司令部情報處等機關，聯絡組織「諜報聯合偵查所」，該所主任未向在滬辦理情報之日人吉岡範武，副主任為朝日新聞記者森山喬，其諜報員完全由中日新聞記者擔任，辦事處設在施高塔路東照里七號。

第三節　參謀部滬辦事處之諜報組織

日本參謀本部駐滬辦事處，昔日工作向係獨立性質，與其他日本情報機關，並無聯繫，該處對華情報工作，過去分為中國政治股、軍事股、青年股、社會股、特務股等五股，正股長由日人擔任，副股長則由華人擔任，所有副股長多係粵人，該辦事處，自九一八事變以後，已加擴充，並由參謀本部特派中佐荒井秀夫來華主持，經費亦較前增加，現每股租一房子，分別工作，地點隨時變動，極為祕密，其青年股副股長宋平之下有中國學生二十餘人被其收買，分赴各地活動。

第五章 驚人的桃色間諜網

第一節 國際偵察局的新計劃

日方在華的間諜工作，除利用漢奸外，並利用其本國女性，日方在滬組織的「國際偵察局」，過去由川島芳子主持，其時川島化名李雲霞，其行蹤在各舞場及其他著名交際場中時有發覺，川島北返後，由舍英島來滬主持，該局所用之人員，除極少數男性外，大部均屬女性，約計二十餘人。現因舍英島成績欠佳，又加派掘切善次郎來滬協助工作，聞掘切於日俄戰時，曾擔負間諜工作為時甚久，成績甚佳。同時由舍英島擬具新的計劃，呈日參謀本部核示，（按該局係受日本參謀本部直接指揮）該計劃內容：

一、盡量利用女性為間諜；

二、在滬創設跳舞學校兩所及宏偉之舞場一所，利用曾經調練過的舞女與外界接近；

三、設法收買各機關及各團體學校有聲望的交際花，使之參與間諜工作，建築外層組織之基礎。

聞此種計劃俟批准後，即開始進行云。

第二節　姨太太間諜團

前受日方利用甘作漢奸而現已覺悟脫離日方關係之石友三，曾與川島芳子在平市東華八寶胡同六號組織過「石川交通團」，且又辦理過「家庭婦女工作訓練班」，專為拉攏在野要人之眷屬，藉機刺探軍政情況，當時被其拉攏者，計有殷汝耕妻殷慧民及張宗昌八姨太太等數人，以上二人均係日籍女子，為其擔任交際，以石老娘胡同四號為接洽處，石當時並派別動隊分隊長日人青龍一郎擔任保護之責。

第三節　活躍於各大都市的女間諜

日方在其本國訓練一批美麗動人的少女，彼等並有相當的學識與才能，並且均能懂得中國南北各地方言，服中國裝，其計三十餘人，派到中國各大政治軍事中心地點為娼妓，或散佈在各舞場充當舞女，勾結我政府要人以及熟悉黨政軍情形的在野人物，探取一切可靠重要祕密消息，聞其效果，頗稱優良，並聞在滬上係由日參謀本部滬辦事處指揮云。

在蘆溝橋事件未發生以前，據聞在廣東福建兩省境內，曾發覺許多化裝茶房女侍一類的日籍女子，散佈在廣州沙面和長堤一帶極為活動。彼等因曾受過嚴格的特殊訓練，外界對她們的任務是不容易察破的。她們潛伏在那裡和一些青年軍官及政府機關的職員們，彼此的關係發生得很密切，她們向那些青年軍官賣弄色相，先用友情的安慰，後來一個個勾搭上了。有的時候還借錢給這些軍官們，因為後來各軍官間鬧著爭風吃醋的事，引起了廣州市警察局的注意，結果發現個女侍等都有間諜行為，然後才下令嚴防，並有若干女侍被迫出境。

第四節　華北女間諜組織及其動態

日方軍事諜報機關為刺探我軍情及其他祕密計劃起見，在我各軍事重要區域，均有嚴密的女子諜報機關組織，並不惜鉅資收買中國美女，據說中國女子被其收買者，為數已達數百人之多，均係由漢奸介紹或偽稱代為覓取高尚的職業，一旦被其收買成功後，即用種種威脅利誘的手段，迫使不得對外洩露機密，並嚴密注視其行動，以防意外，同時加以偵察與交際等知識之訓練，派往中國社會群眾中，擔任諜報的任務。在華北方面亦有此種女子諜報機關的設立，總機關在天津日租界宮島街，其人數有二十三人，川島芳子為領袖，共分為四隊，第一隊七人，川島芳子兼任隊長，駐天津，第二隊七人，徐東園為隊長，駐北平，第三隊四人，荊蓮芳為隊長，駐張家口，第四隊五人，楊素香，為隊長，駐保定，各隊除隊長祕密居住外，隊員則均分佈於所在地之娼寮舞場等於樂場所，以便接近當地我方軍政要人，施行「美人計」，一方面於不知不覺之間刺探消息，一方則乘機以金錢收買為「漢奸」，此事旋即被我當局所發覺，通令嚴防云。

第六章　日本駐華的特務機關

第一節　特別機關的作用及其發源

日本駐華特務機關，是跟著駐屯軍的足跡面到中國來的產物，考駐屯軍的條約依據，只有辛丑和會所訂定的駐兵規定，從瀋陽起沿著平瀋路直到天津北平。可是在塘沽協定之後，特務機關的擴張呈現無限深入的姿勢，離開平津數千里以外的寧夏、阿拉善旗、多倫、滂江、以及山東的青島、濟南、四川的重慶、成都、廣東的汕頭等地，都有了特務機關的設置。

特務機關的性質與作用，除刺探黨務政治軍事以及經濟交通工業，社會民情風俗一切情況外，復努力製造中國內部分化變亂等之陰謀。

講到現時現地的利益。這確是特務機關所以成長發展的由來，「九一八」以前，僅僅關東駐屯軍和天津駐屯軍本部有這機關的設置，在東北的哈爾濱、長春、吉林、滿洲里、瀋陽、齊齊哈爾這些比較重要的地方，雖然都有這種機關之組織，並且在大連方面設立活動的大本營，他們的工作人員活動之蹤跡，幾佈滿全東北，可是對外的接觸不多，完全在潛藏層活動著。可是九一八事變一爆發，特務機關的活動表面化了，日本在瀋陽的特務機關長是土肥原賢一郎，直隸於關東軍司令部，協助關東軍司令本莊繁，在天津設計劫去了傀儡溥儀，成立了「偽滿洲國」，他又到天津煽惑暴動，收買流氓，造成慘酷的天津事變。因此土肥原大佐的聲名，像神話似的傳佈開去，同松岡洋右等同樣被推為侵滿功臣的怪傑，論功行賞，土肥原很快的已是中將師團長，而且很快的就有晉陞大將級的希望。這種功成名就的誘惑掛在面前，少壯派軍人安得不生炫耀，何況特務機關是一條捷徑。所以當松室孝良時代，特務機關的活躍成為侵略行為的中心，惟一的傑作又造成了冀東察北兩個偽組織，幸虧華北的偽自治運動給不屈不撓的民氣厭倒了，否則整個的華北五省，說不定已是松室功勞簿上的東西。

現在我們再來簡要的檢閱一下特務機關的全貌，設置在中國領土內的特務機關，是以關東軍和天津軍兩個本部同為中心，放射型的分佈出去，雖然天津還有個海軍特務機關，但比較陸軍的特務機關要遜色得多。關東軍系的特務機關，其任務似在確保滿洲的佔領，和進一步的從事於偽蒙自治的活動，其主要據點為山海關、張家口、包頭、額濟納、阿拉善額魯特旗、西寧及青海內地。山海關為偽滿入境的要口，所謂國際警察和入境檢查，這就是特務機關的著名事業。而張家口為內蒙活動的中心，在察北六縣都有出張所，過去的和目前的侵綏問題：化德偽組織的存在；劉桂堂、王英匪類的招致；離不了張家口特務機關的牽線。至於包頭以西的特務機關，雖則還沒有重大的成績暴露出來，但潛進的活動誰能保證已到了什麼程度，包頭為西部內蒙的中心，並且是通連陝甘的樞鈕，當日本侵略華北最緊張的民國二十一二年，開發西北建設西北曾成為一時的國策口號，包頭特務機關的設置，自然還不僅僅著眼在西蒙各盟旗的活動，而深入迫視西北的開發建設，也是很重要的一項。內蒙盟旗散佈，東起自洮遼上流，西迄寧夏的額濟納土爾扈特旗，就是青海的和碩特喀爾喀各部，也是蒙旗所屬。侵佔滿州熱河以後，東蒙旗盟落入日本勢力圈了，從偽蒙自治發動，拉上了一個德王，但德王的管轄僅有察北滂江的一小部分，整個烏蘭察布盟還有許多矢忠祖國的王公，套南的伊克昭盟更談不上了，在此種情況之下，偽蒙組織的基礎薄弱可知。因此特務機關一定要深入到寧夏青海，凡是有蒙旗的地方，再遠點也得插足進去，關東軍特務機關事業的可驚，於是可見一斑。

天津駐屯軍特務機關的分佈，是以中國本土為目標，尤其是黃河以北。最有力而且著名的要算通州特務機關，她是偽冀東政權的太上政府，叛逆殷汝耕等的保護者，每一度發生冀東偽組織行將取銷的消息，必由通州特務機關的疏通而予以支持。此外如山西的太原、山東的濟南青島，甚至河南的鄭州，都有了公開的或祕密的特務機關，這是予吾人以何等的不安。

此外，監視冀察政權中央化，放任走私，放任毒化，使冀察成為私貨的總匯，毒化的中心，浪人雜居的樂土，便是特務機關的傑作。

第二節　特務機關在天津

天津為日本對華北間諜工作活動的大本營，關內外兩軍部，積極進行強化在華北之特務機關，除已在天津設立一聯絡總部，由陸軍武官高橋、茂川、久保田三人專負一切事宜外，且在津建築一強力的電台，俾於緊張時直報陸軍本部，上次天津駐屯軍幕僚會議時，曾有如此的規定：華北日本各特務機關以天津為中心，不論關東系，天津駐屯軍系，以及偽滿派駐之特務機關，皆在安達興助少佐指揮之下，天津聯絡總部之總責由安達擔任。此外，尚有與特務機關有關係而以漢奸為主幹的左列各種情報機關：

一、《庸報》社附設之調查部，由張遜之主持，經費由關東關內兩軍部支給，每月七千，諜報員平津各百多，各機關職員多有被收買者。保定則為五十名，所有重要公事，原卷可攜往該部抄錄或攝影存據。對共產黨知識階級反滿抗日等事調查最詳，有時亦受偽滿冀東各方委託，調查事件，工作最為緊張。

二、東亞協會附設偽冀東及偽滿情報機關。冀東方面由偽外交處長王伯鎬主持，裝有無線電台，每日收聽中國內各方電報，並出重資收羅各機關往來密電本，同時偽冀東尚聘有前天津公安局偵緝總隊長王錦彪為情報主任，在津專負刺探冀察及二十九軍情形有關於冀東者。

三、東亞協會附設之偽滿情報機關，由偽外交部囑托鮑觀澄負責，經費三千元，專刺探中國軍事外交消息，滬京兩地均有人代負責。

第三節　特務機關在北平

日方在北平的特務機關長為松井太久郎，內部之組織，在上次天津駐屯軍幕僚會議時，已決定天津、北平、太原、通縣，因較為重要，擴充範圍，計分情報，調查，外事三股，諜報人員亦由三五人，增加為十二人至二十五人。在北平之特務機關設有內外兩層，內層以亞洲文化促進會為掩護，外層以華北民生救濟總會為掩護，並辦有每月評論，救濟會主持人為華人林士博，收容華人流氓充當會員，入會後須負情報責任，月薪由三十元至七十元，其工作成績較好者，得隨時增加，收容會員已達五百餘人，其情報範圍，分軍事，政治，學校，工廠等部門，最注意者，即各負責人姓名，年籍，出身，派別等項，該會在平津保三地活動頗力，並發有證章，專供會員之用，上有亞洲文化促進會字樣，如被中央官方逮捕，日方即設法引渡。

在北平之情報網，計畫為八區：第一區由朝陽門經東四牌樓至雍和宮；第二區由北新橋經鼓樓至北城根；第三區由北新橋以南至哈德門大街路西經南池子，直至景山東大街迄鼓樓一帶；第四區由鼓樓經新街口至太平倉以東，至什剎海後；第五區由西單北街路西南至順治門北至北新路西至直門大門路南；第六區由西單往南長街，再至西北長街西安門；第七區由和平門至天橋以西；第八區由和平門至哈德門外一帶云。

第四節　特務機關在察北

察北的特務機關，係日本軍部之變相機關，設於張北縣之東南城角，現任特務機關長為星月，內中屬員共約三十餘人，華人僅佔其三，其任務係專司刺探各處軍政情況，及祕密情報之工作，現在綏察等省均有此項人員活動，此外蒙區各軍，均直接受其指揮，至於各縣，亦有政治特務機關之設置，在此狀況下，察北一切軍政大權，悉在日方掌握之中。

現在再將察北特務機關長歷任更替之經過簡要說明如下：察北的特務機關係在民國二十四年間設立，第一任機關長為田中久，因在二十五年九月間侵綏計畫失敗，受關東軍部申斥，至九月十九日關東軍部突令田中久下台他去，另以桑原繼任，同月二十日桑原與田中久分別接交完畢，桑原復將特務機關內部之組織，略加變更，其組織如左：

一、總務廳；
二、保安廳；
三、財務廳；
四、教育廳；
五、指導廳；

在保安廳以下，另設搜查處。各縣一律設分處，其唯一任務係搜查間諜。實則人民之財物生命，及婦女之貞操，被若輩摧殘毀滅殆盡。至於桑原本人，接任後之作法，確與田中久不同，田中久以德王王英為施漢奸之典型人物，桑原則信任李守信。所有運到張北之新式槍械給養服裝等，一律先儘李守信部撥發。次給德王，最後始輪到王英。後來甚至將李部換下的舊槍枝破軍裝再發給王英，所以王英部在綏戰發動不久，即續有反正者，後桑原他調，田中喜隆繼之，金憲章安華亭石玉山等相續反正，均出於田中喜隆時代。直至本年春間，邊事告一段落，始易以谷原，為時期甚暫，無所施，旋又他調，而以桑原重回原任，至本年四月十四日，桑原又行解職，由星月接充。所有其內部組織，在過去演變歷程中，除桑原一度增強後，餘均率由舊章，迄未變更。現在偽組織在其策動下，行動詭譎閃爍，製造戰禍，至如何程度，將來尚難逆料也。

第五節　特務機關在百林廟

日方實行掠奪內蒙的計劃，是與侵華北相並進的，而其處心積慮於侵略蒙古陰謀的進行是遠在五十年以前。自從外蒙古傾向於蘇聯後，他們以內蒙與外盟有廣大的接壤，是將來大陸大戰中的重要作戰陣地，所以掠奪內蒙的進行更加緊工作，並且內蒙有廣大的經濟資源，亦是日方資本主義特別垂涎的一端。日方特務代表遍佈內蒙，一方面從事偵察地形和資源等事，另一方面則盡量從事挑撥鼓動的工作，使蒙古大小王公分化，對中央日漸疏遠，造成所謂內蒙明朗化的局面。這種特務代表裡面以百林廟的特務機關長盛島博士兼少將銜的一位最著名，手段也最毒，他是位蒙古通，說得一口道地的蒙古話，日方的侵略陰謀，可以說是完全由他計劃實施的，他現在已經五十歲了，流浪蒙古近三十餘年，最初他在庫倫，後來輾轉到內蒙各地，他做過喇嘛，熟悉喇嘛經文，現在娶了一位蒙古妻子，一切生活都是蒙古化了。他的身材很瘦小，鬍鬚留得很長，喜歡飲酒，說笑話，表面上真是和藹可親，幾十年來在蒙古吃盡許多艱苦，皮膚也作赭紅色，身體卻十分結實。蒙古人是喜歡得些小便宜的，他利用這點拚命的花小錢，所以一般的蒙古人都對他有好感。他在百林廟開了一所善鄰學校，免費收蒙古小學生，第一目的便是灌輸他親日觀念，裡面蒙文和日文並重，漢文卻一概刪除，現在察北區域設立著這樣的教育機關，同時他在百林廟還設了一所騎兵軍關學校和一所善鄰醫院，蒙古人很不講究衛生，所以疾病疫癘很多，向來有病就請喇嘛誦經，結果是死的多活的少，現在有了醫院，並且還免費診治，當然感激的不得了，一般蒙人的心理就逐漸變成日人為可親，華人為可怕，這種陰謀手段實在厲害。善鄰的意思與通行的親善提攜有同樣的妙用，所謂笑裡藏刀，這樣的親善提攜，真是可怕。但是我們要反問自己為什麼蒙漢既是一家，蒙人對於我們還存著可怕的心裡呢？此點不設法根除，蒙古問題便永遠不得解決。「從可怕轉為可親」，必待政府與民眾協力去做，更盼望邊省當局特別能注意及此！

第六節 特務機關在額濟納旗

活動歷史：

一、祕密期：由印人奈魯二十年到額，於二十四年東返，任務偵查西蒙內情。

二、調查期：由山本率領組員四組，調查隊於二十五年一月到額，二十六年已解散，任務測量，測驗，分兩路，一由新綏路過山丹廟達定遠營，二由張家口到安西馬鬃山。

三、正式期：自二十五年九月二十七日成立特務機關，由江崎壽夫主持，至本年七月七日破獲時止，為期九月，任務成立蒙古保安隊，二十五年九月二十日曾由百林廟運步槍二百枝，子彈六十箱，是項軍火，至十月十日著火燒毀。

陰謀計劃：

藉清同治年回人慘殺蒙人之史實，挑撥蒙回感情，企圖煽動百林廟阿拉善額濟納青海二十九旗，聯合成立阿額青蒙漢國，並計畫成立安西特務機關，由前任錦州特務機關長橫山信治負責，率領組員善山敏高森安彥乘駱駝二十四匹，前往籌設，至西蒙鼓魯地方，聞額濟特務機關被抄，始急遽折返。

破獲經過：

負責前往取締之寧夏民政廳長李翰園及隨員等一行於六月十九日由寧夏抵蘭，六月二十日由蘭往蕭州，由駐蕭州馬步康旅派兵三十人，於七月六日抵額王府，向額王圖佈陞巴雅爾告以此來，係取締日人之不法機關，日特務機設東廟，翌日遣人約江崎壽夫來宣示願和平離境，當保護東返，否則嚴厲取締，江崎表示接受保護出境辦法，遂將日人所有文件用具及全體人員，分乘汽車五輛離額，於七月十八日抵蕭州，七月二十五日由蕭起程，因沿途泥濘，一日始抵蘭州。

第七節　特務機關在青島

日本在青島之特務機關籌備時期，係在二十五年的春季，至今年一月，才開始正式辦公，機關長為前駐太原及漢口等地武官的谷荻，他對中國內地情形甚為熟習，該機關成立後之組織與活動，據以往之調查如左：

一、內部組織：

特務機關長一人，並隨從二人，均能操華北官話，及熟悉青市地理者充之。

機關長以下分左列四系：

（一）人事系專司採訪中國人等一切之動態；

（二）情報系專司偵聽中國方面政治，軍事，經濟社會的情報；

（三）交際系專司聯絡中國人之責；

（四）總務系專理一切雜務，秘書處合併在內。

二、工作綱要：

（一）起用以前之青島巡捕；

（二）聯絡各紗廠失業工人，企圖擾亂青島秩序；

（三）聯絡鄉區豪紳，使其向無知民眾作反宣傳；

（四）招待新聞界投機分子，施以聯絡；

（五）派中國人祕密拍攝公安局及市外所屬分駐所暨各駐軍防地，各要塞重要村落之照片。

三、活動近況：

（一）谷荻與駐濟武官石野聯名宴請中外名報記者，積極推行下列兩項工作：（一）因青新聞界意志素弱，並有《大青島報》張效驥為之拉攏，擬收買青新聞界倡導中日提攜合作，以愚惑市民。（二）收買青幫分子組織漢奸下級幹部，從事走私援助，並中日決烈時大規模的暴動。

（二）派日浪人籐木泰治為稽查員，收買華人為情報員，籐木在華已十餘年，曾充張宗昌之顧問，膠東之失意軍人政客與彼均有聯絡。現為在青日本浪人之首領，與駐青日武官田尻關係密切，現已招到華籍情報員畢動臣，王棠桂，梁心微，王子玉，王金田（以上五人為公大紗廠華採）王德臣，徐嵓玉，李德順，李寶卿（以上四人為富士寶來兩紗廠華採）等多人。

（三）甘為日人走狗最重要者：1.於維，遼寧金縣人，日本早稻田大學畢業，青市商會執委，為青市日居留民團及日商最信任之一人，該市中日交涉事件多尤其暗中接洽。2.鄭吟謝，山東諸誠人，商專畢業，曾包辦日人所農之《大青島報》中文部，現往來青平津等處，為津日特務機關刺探我方消息。現大青島社張海鶩，張效古，張蓋寰，李君臣，白汝平等，以該報記者名義專在青市刺探我方消息。3.謝祖元，現任青市府第三科長，為日本通，專辦外交，對於青市日人感情極恰，即日人亦多目伊為日人。又清市增設日語學校達四十處，膠濟路員司三五人或十餘人一組，聘請日人專任日文教授著，計一千餘人。

第八節　特別機關在太原

山西為華北之要地，日人向來極注意，且為日人理想中所謂「華北五省自治」中之一省，平日化裝商人或假其他名義前往該省考察者，時有所見。日人在一年以前鑒於山西地方重要，對於各種情形極需詳為明瞭，乃在太原祕密設置特務機關，先由日人都甲萊充任機關長，後都甲萊因故他調，由知知繼任，現任機關長則為河野中佐，在知知任內，公開的最大成績，以建築機關根據地為最著，即租定新城北街二十四號房屋一所（山西大學工學院長王監先之產業）並自建三層高樓一所，據傳說內設有小型砲台，正對省府，並築有地道直通城外，惟究竟是否確實，因為外人既不許參觀，而軍警當局，亦因門禁森嚴，且公然拒絕檢查，故仍不得其詳，並高樹太陽旗與山西大學之國旗相對飄揚，據聞知知所以榮任天津駐屯軍參謀兼任第二課課長，係太原特務機關長任內之功也。

知知自御任特務機關長以後，對山西特務工作之進行，仍不遺餘力，於五月一日晚在駐屯軍官借行社（俱樂部）開聯席會議時，（各地特務機關首腦亦均參加）關於山西之特務活動，復擬具積極的重要意見，其理由據稱「近數月以來，山西當局，極力鼓動民眾情緒，組織抗日團體，對日本在晉居留民一切行動，均祕密監視，而各縣之警探機構，組織十分嚴密，以致各項特務工作，無法進行發展，根據駐山西特務人員之報告，實有改變對晉策略並加緊工作之必要。」經四小時之檢討，決議大致如下：

一、改進山西特務機關之機構：

（一）撤銷太原之特務機關，以示表示停止對晉之活動，晉省工作人員全部移津。

（二）加強山西臨時特務機關之組織，如察綏冀豫各省靠近山西邊界各縣，增設小型組織，取星羅棋佈形式包圍山西。

（三）各縣特務機關增添華方山西籍之工作人員，對晉工作，須列入基本工作之重心。

（四）各特務機關對晉工作之特別開支，宜單獨報銷。

（五）凡被指定之機關，其權力按其工作之成績，予以擴大。

（六）各被指定之機關，對晉之各項報告，須直接報告天津機關，以增進工作之一切效率。

二、變更山西特務工作活動之基本策略：

（一）確定工作之原則，凡各被指定之機關，宜乘各項便利之機會，向晉省沿邊各縣積極活動，務使工作路線之迅速深入，取敏捷之游動方式，以策動各地之與帝國親善之華人。

（二）收買在華北各地散佈之山西籍小商人。此輩商人頭腦簡單，遇事惟利是圖，以極微之金錢，可收極大之效果。收買後，予以簡單之工作訓練，即可使彼等作繁雜之工作。此輩商人，籍居山西各地，全省各縣無地無之，使彼等藉返籍之便，按其家鄉之週圍，當可探視無遺。對各地之一切設施，均能詳盡查悉，此輩小商人，本性極為忠誠，可為克盡責任之華人。

（三）收買軍政失意份子——

華方退伍軍人及官僚等，對於國家觀念極薄，彼等為現代政府遺棄，均抱敵視心理，每思乘機作亂，以造出路，且洩私憤，破壞國體，為華人唯一弱點，帝國軍人，過去對華之活動，均以此輩為前驅，利用彼等過去地位，以號召各地之散兵流勇，並採探高級之情報，其報酬以名利為重要條件，以滿足彼等之虛榮心。但利用彼等，不可過於放縱，收買後宜打斷其回路，使彼等如脫離帝國之保障，即無立足之地。如是，則彼等仇華益深，將終身為帝國軍人忠僕矣。

（四）利用宗教團體——山西為華北佛教之根據地，各地僧道，均往五台朝山，宜在各地收買，輩加以訓練之，以傳教，誦經，化緣，朝山，受戒為名，可隨意深入各地，採探各項情報。

（五）收買投機黨派——華方之黨派支流極多，如失意之共產黨中托派。宜假援助彼等之成功，可使在各地作利於帝國之各種活動，因此輩思想簡單之華人，專麻醉一般知識份子，以破壞南京之統一，彼等之工作技術，亦甚高明，尤可隨同彼等以學習工作推進工作。

三、確立在晉工作之對象：

（一）軍事部門：

1. 偵探對象—要隘測繪—軍事交通—實力配備—陣地佈置—國防準備—防空設備—兵工廠位置—自來水廠位置—發電廠位置—軍火庫位置—民團組織—軍隊番號—防地變動—武器種類及配備—民眾武裝—村路交通—水井、山丘、森林、橋樑、河流等測量。

2. 策動對象—收買腐化軍官—收買民團領袖—收買土豪劣紳—組織散兵餘勇—離間上層軍官之團結—分化軍民合作—挑撥軍政之感情—散佈恐怖之謠言—宣傳帝國之武器精良—策動各地潛伏土匪之復活—爆毀重要軍事根據地—收買兵工、發電，治水等廠工人。

（二）政治與文化部門：

1. 偵探對象—黨派活動—各團體之活動與組織—山西犧牲救國同盟之活動情形—抗

日刊物之收羅—山西當局各省之勾結—中央在山西之活動—國防之一切設施。

2. 策動對象—聯絡知識份子發刊物—混迷黨派之理論—散佈恐怖謠言—分化各項團體—混亂行政機構—轉移抗日目標以使與南京對立。

3. 對山西之工作及一切特別開支與管理統由天津駐屯軍司令部參謀知知中佐負責辦理。

第九節　特務機關在鄭州

自從東北四省失陷，冀東察北亦變作敵人的屬地，甚至華北各省也變作日本的練兵場。因此，日人便認為中國的抗戰防線，已移到黃河沿岸，同時認為鄭州是平漢隴海鐵路交通的中心，也就是中國將來抗敵戰爭的重要地點。因此，於去年夏季天津日本駐屯軍選派間諜幹員志賀秀二，山口勇男，田中教夫等數人，密赴河南鄭州擔任諜報工作，他們到鄭州後，得當地日本領事佐佐木的幫助，租得大同路百華銀樓後院，假名開設一個「文化研究所」名義，祕密成立特務機關，進行收買漢奸及刺探軍政情報之工作。

該機關旋即被我當地行政專署及公安局所察覺，而加破獲，除日人由駐鄭日領館引渡外，至被誘買參與特務機關工作之重要漢奸趙龍田（又名趙禹門），經逮捕審訊後，因證據確實，於本年一月二十八日奉令就地槍決。

破獲後發覺之一部分要件內容如左：

一、巧妙操縱僑津鮮人，或使深入河南，販賣普通商品或各種毒品，令心腹之朝鮮人或日本人，給與便利或借給資本旅費，或通融商品，而不可使其知背後另有本機關（特別機關）之力量，一方面宣傳此種行為在河南甚有利益，使中國當局遷移注意力量，不再重視本機關，倘有不正當之逮捕，即要求引渡，並提出以飛機護送犯人之交涉，一方面再提出他項要求，並投資若干費用，收買中國當局，航空實行後，即以本機關為飛行公司之代理店。

二、鄭州中國官廳之監視壓迫，極為嚴重，簡直無法施展，前曾報及，故諜報調查等事，必須使用華人，自亘武官之連絡員破甃以後，華人之生命，亦甚感危險，故其待遇不可與天津作同日語也，鮑觀澄所推薦之張慕，渠赴任時曾帶其同來，被公安局員喝令出鄭，不得已派住開封，其後又歸天津，擬令張及鮑之秘書長鄭某（河南人曾任哈爾濱市府秘書長）在鄭組織小報館，先以小規模試辦二三月，以觀後效，開辦費約五百元，每月補助二百元，即可舉辦，特請考慮准行，鄭州機關諜報費雖月有三百元，但所用之華人，皆非固定，（雜役不能併論）而當地情勢既如前述，該項款額，對於管轄內土匪民團之連絡，及諸般之調查等等之費用，實不敷裕，亦請諒察，代為設法。

三、（洩露機密之件）本機關曾與領館商妥，對外用「文化研究所」名義，甚為祕密，令日駐鄭中國研究員增田大尉與第一區專員公署張秘書晤談，張謂：「關於文化研究所」，事前曾奉命至領事館詢究，據該館警察署長平山勇稱：「該所實為駐津日軍所派來鄭之特務機關」，該大尉即將此旨告知本機關，據各種之情況上，曾疑領事館警務方面洩露機密，今得此報可證實矣，再者，平山勇希望轉任，（尤望派往烟台）日前已偕家族行李由鄭歸國矣，以上情況，當即通知駐鄭領事佐佐木高義矣，中國方面，雖已知本機關為軍事機關，然目下無要求退出之意，唯當時曾對增田云：「在原則上商埠地只歡迎商人之居留，不能容許軍事政治機關之存在也」，餘略，（此當係指平山而言）茂木事件，《大眾週報》，汪女事件，漢口鄭州借債不還。路經徐州，前述各事所生之影響。

四、中日關係極呈險象，自蔣以下，皆呼日本為「敵」，抗日風潮日益激烈，華中方面，為防華北日本勢力之侵潤，以黃河為防日之障壁，舉凡軍事、政治、貿易、商業，皆布列防陣，決心不使日人越雷池一步，河南為第一線，黃河為前線，而以隴海線掩護之，另有津浦平漢二幹線，及多數公路航空路，與後方連絡，鄭州為平漢隴海之交點，可稱為重地，因係商埠，在表面上無拒日人居留之理由，但中國方面常聲言「商埠雖准商人居留，但不容許軍界政客之居住及活動」，名為保護，密探跟隨探察舉動，一刻不離，領事對於中國一切舉動，抱不問主義，只嘆謂「背後無力之外交主義等於零」，隴海路局不購廉價之日貨，開封商會宣傳日本砂糖含有毒品，對於購買之華人，逮捕威脅無所不用其極，睦鄰云乎哉，實際只是想盡方法驅逐日人而已，兩國之握手根本夢想也。

五、（營救趙龍田之電報底稿）慰慈兄鑒：龍田在鄭被拘，請速電商韓運動為荷，再請即派那人來研究，（令張赴開封向商運動）按慰慈姓張名煌，現在天津法租界三十七號十二號省政府駐津辦事處，職務為河北省政府秘書。

六、（一）每月一回去天津連絡，添增公出旅費百元。（二）聯絡公安局長，商會會長，憲兵隊隊長，縣長等人宴會，或送禮物，月需機密費二百元，希照增加。（內容附以概算及說明）（三）要請松室機關代為受送電報。（四）漢口，北平，青島，濟南及其他各地，希軍司令部傳諜。（五）僱用夜警一名。（六）民團縱時之經費，槍彈火葯補給之件。（七）時常前往各機關以謀聯絡（太原北平漢口濟南）。（八）電報費。（九）情報通報調查書內希配給。

七、（受領證）銀元五十元正（備考）交吳百諾作為機密地圖入手之酬報，昭和十一年九月六日山口勇男（印）右款已交，特此證明，昭和十年九月十二日志賀秀二（印）。

八、（我的烏托邦）…此為山口之日記，昭和十一年九月十日，鄭州文化研究所志賀先生不在，中有二事集中，一為文化研究所之家屋買賣問題，一為命吳某（策動河南省北與黃河以北之獨立）去平，携帶機密書類（下略），文化研究所與趙禹門（名龍田）之關係，九月四日付趙龍田一百五十元，充黃河沿岸隴海沿線之派出調查費，九月二十七日付趙禹門一百五十元為天津來回及攜眷去西安赴任之旅費，十月一日付趙禹門二百元，內分駐西安密探十月份津貼及經費一百元，初創費一百元，十一月十九日西安特派員通信辦法……為謀西安間之確實通信，規定左記數項，注意：（一）信要編發信號，（二）頁數之表示如下，（……$\frac{4}{3}$.$\frac{4}{4}$.）（三）此外特殊通信方法，更予指導，以西安為中心之軍隊調查整理，趙之調查書類，更加以校正補添，調查費交付趙百元，派趙出發……令趙乘二十日午前四點半北上車去新鄉一帶，日期規定為三四日，調查下列各事：1.新鄉方面之要塞偵查。2.四十軍及其他軍隊之調查，3.詳細用口頭重為說明。十一月二十四日商定西安特派員之通信方法，西安所寄之信，受信人寫用福原商店員宮寶戌名義，（此事曾與福店商妥且宮已歸津）通信文氣作商情談話，以增加祕密確保，及防止遺漏之效率，趙歸西安，令趙乘二十五日午前三點半車西去，中途在洛陽下車，調查機關長命令之各項要目，抵西安後，即用郵信報告，此外並指示日後在西安應須調查項目，對於各調查更須特別努力，照機關長意旨，詳為報告。

繼續發現之新證據如左：

一、刺探鞏縣兵工廠內容之證據送達處駐屯軍司令部鞏縣兵工廠一一、九、二三（調查內容從略）。

二、破壞豫北之計劃，去年八月五日，自稱豫北自治區長官吳百諾致函鄭州日本領事館，請求援助，以十萬元擴充自治軍，又以十萬元收買鞏縣兵工廠。

三、妨害或竊收中國方面電報之計劃，山口先生中島上士曾來此，據說軍隊方面將用山口先生所設特殊無線電信班，以妨害或竊收中國方面之電報。

四、此外尚有從燼餘中取出之該特務機關發文簿，尤足為種種陰謀之佐證，現將其登記加以統計，其內容如次：

種類	**件數**	(%)
軍事情報	45	38.8%
軍事情報	13	11.2%

交通狀況	12	10.3%
救國運動	11	9.5%
民間防務	10	8.6%
航空空防	4	3.4%
要人行動	2	1.7%
鑛務消息	1	0.9%
財政消息	1	0.9%
兵工廠調查	1	0.9%
其他	5	4.3%
不明	11	9.5%
共計	116	100%

一百一十六件中，有一百一十件是呈交華北日駐司令部；其中七十八件是由鄭州日領事館轉交，二十三件是由特務機關長及其他日本軍官親身帶交的。這樣，這特務機關的性質及其與日軍部及日領館的關係，不是很明白了嗎？

我們知道，這特務機關的工作範圍，活動地帶及關係人物是非常廣泛的。據趙龍田的供詞，在天津開封西安禹縣等地都有他們直接關係的人員，且其中有中國官吏，留日學生及朝鮮人等。照日人文件的記載，他們要「收買中國當局」；「連絡土匪」；「聯絡公安局長，商會會長，憲兵隊長，縣長等人」；「命吳某策動河南省黃河以北之獨立」；再看看他們的發文登記，所報告的事件更為廣泛，如「各縣武裝壯丁之定額」，「西安廣播電台成立」，「商邱縣清鄉計劃』，「咸同鐵路之建設」，「鞏縣兵工廠」，「碉堡失守罰則」，「風陵渡船運航協定」，「蔣介石出險後狀況」………等都在被調查報告之列。

據日人電稿，河北省政府秘書張慰慈是替他們服務的，而且他們還請張氏運動商韓營救被捕之趙龍田。這證明他們「收買中國當局」的計畫是收到一部分功效了。

總上所述，這日軍駐鄭特務機關，是華北日本駐軍的直屬機關，受日本外交機關的幫助與保護，任務是偵探中國軍事動作及一切祕密文件；在中國民眾中施行挑撥離間之煽動收買工作；勾結中國內地的土匪民團，供給經費械彈，使其破壞擾亂我軍隊後方；策動河南各縣獨立，成立偽自治區，以資利用。它的目的呢，自然是：擔任日軍的前哨任務，先攻入黃河以南以至長江流域，待時機成熟，從中國腹地發動煽亂工作，分裂民族陣線，擾亂我軍後方，以接應南下之日軍，一舉而滅亡中國。

日軍借這特務機關以戰勝帝俄，佔領東北四省，攻入察綏，以至冀晉魯各省，若我政府再不速下決心肅清中國內地之日軍祕密活動，恐怕華中華南的淪沒也只是時間的問題罷了！

第十節 特務機關在四川

四川為華西範圍，地方重要，日方素極重視，在四川各重要都市均設有特務機關，但極為祕密，詳情不易查悉，現將所知分述如左：

一、特務機關在重慶為慣居中國，精通漢文漢語，常喬裝華人之日人小旗。

二、特務機關長以下分設特務長，每一特務長以下又分為三組，每組有組員，組員計分：甲、特務員，乙、測量員，丙、外勤員等三種。

三、特務員資格，以軍政機關重要職員或過去失意軍人，政客，官僚充任之；測量員須能測繪地圖以及重要關隘者為合格；外勤員則以能詳查中國國情社會情形，偉人行縱，軍事建築等失業人員充任。

四、以同文同種，黃種自強，鄰邦不良等口號，為其推動工作之原則。

五、機關地點：設在重慶日本領事署內，機關長原係副領事擔任，現則改由前述之小旗繼任。並在三元廟日商新利洋行（經理為日人清水）及日商同仁醫院內秘設分機關，從事陰謀活動，惟後述兩機關在當地的軍警當局已據密報，並著令嚴加防範，同時勸其停止活動。

六、交通方法：外埠信件，以連索轉進，內附有密碼，如指大砲彈為大豆等是，本埠以電話間接通訊。

七、工作祕密：凡担任工作之人員，甲不識乙，乙不識甲，如臨時發生機要事件，則由特務機關長直接指揮，不得參加第三者，工作人員，規定三日或五日到達機關聽命一次。

八、待遇：特務員每月自百元至五百元不等；測量員每月自五十元至百元；外勤員每月自二十元至百元，如成績良好、信仰主管者，則盡量接濟，並得升遷，如外調時除路費活動費從優照給外，並予相當津貼。

九、加入手續有二：甲、須與日方有特殊關係人員介紹並負責擔保方能加入，最初係從友誼結識，並聲明對中國決無惡意等詞，乙、加入後由彼方規定符號，名稱不用本人姓名，通信以連索法或由本人直接送達。

第十一節 特務機關在汕頭

日本對華侵略，無間南北，其中分野，不過軟硬與緩急之別而已。查自蘆溝橋事件發生後，日本即積極在華南組織特務機關，以汕頭為中心，成立特種指揮部，下轄五小隊，三獨立小組，分廣州，汕頭，瓊崖，香港，廈門各一隊，海口梧州，福州各一小組，此種間諜機關之組織，乃美其名曰特務機關，在華北各地，本已司空見慣，多成為半公開性質，惟在華南方面，因粵人革命性強，富於愛國心，不易受其蠱惑，遂不得不暫取革命性質，暗中進行，茲將其大致活動情形分述如左：

一、活動範圍：華南活動範圍，以閩粵兩省沿海北區為目的，暫不分省界，分在廈門，廣州，瓊崖，海口，梧州等地，各因其需要而設立小隊，其下小型組織，則花樣各異，惟殊途同歸，均以緊握監持華南海岸一切活動為最終目的。

二、工作基幹：華南特務工作人員，以日人嫡派為基幹，台人韓人漢奸貶羅致為爪牙，藉供驅候使用，各地隊長組長，皆為日本帝國陸大畢業，或拓殖大學出身（按拓殖大學係專門造就在華作間諜人才者）其餘在台灣各地調派指導幹員及素在日人指導下在上海擔任間諜工作之白俄多名抵汕，參加工作，又據調查所得，日籍商人，每一人均負有特務工作之責任，因有北海事件，可為證明。

三、組織系統：華南方面，從前係由當地領事權宜節制，近自擴大組織後，即派高級專員小田中將統率，直轄軍部，與海部及當地駐華軍隊取縝密聯繫，交換情報及工作方針，以免隔閡及衝突，至每特務隊內部組織，大概分四五系，以其他地方環境之需要而定，普通約可分為情報系，調查系，激烈系等，就中激烈系係專負擾亂地方，或刺殺等工作。

四、活動大綱：至其活動大綱可分四項，約如左述；

(一)偵探測繪各地要隘及軍事交通，陣地佈置，防務準備，及地方警衛隊組織，軍隊番號，防地移動，以及武器種類，配置水井，山丘，森林，橋樑，河流等。

(二)收買朝野軍政腐化人員，土豪劣紳，流氓土匪，小本商人等，乘機推動，挑撥離間上下層之團結，散佈各種毫無根據之謠言，運動接濟各地潛伏土匪復活，必要時利用彼等爆炸毀壞重要軍事根據地或建設廠庫。

(三)破壞各地黨部團結之活動，與組織運動，收買抗日份子，墮落失意份子，發行小型刊物，混迷黨派之理論，攻擊中央政府，破壞中央政府之威信，聯絡地方商人，組織走私機關，武裝保運，所得利益，盡派給商人，以廣羅走狗，而堅漢奸份子之信仰與服從。

五、訓練情形：特務機關組織之機構中，附設有特務工作人員訓練班，以收容漢奸，加以訓練，其辦法內容如左：

（一）將現任特務工作人員各地份子，分批集中訓練，參加者係日人嫡系份子，其訓練途徑為各隊各組，得有齊一之侵華步驟。

（二）新收集之漢奸份子，亦施以特殊之訓練，其訓練時間，則視其人之成績如何而定。

（三）訓練課目，約有偵探技術，情報密碼，粵語閩語，華南軍政人物之體系與動向及注意華南地理港口形勢各事項。

（四）主訓人員，除統由特務機關指揮小田中將兼理外，聞經由上海特務機關長楠本大佐遣派原任日清學校及上海同文書院教員小野南下擔任工作，並另由日參謀本部委前任駐粵領館職員某氏等多人協助。

第十二節　特務機關分佈概況

日本在華特務機關之活躍，早為國人所注意，關於華北各省之分佈，上次天津駐屯軍僚會議時，即有詳細之規劃，充實內容，展開聯絡網之消息，而華中之豫，陝，鄂，蘇，浙各省，華南之閩，粵，桂各省，亦同時積極進行建立特務機關，據可靠之調查，除華北方面擴大特務機關之組織，並以天津為中心外，至華中華南一帶，公開活動者，僅有上海一處。茲再將公開，半公開，祕密的各地特務機關負責人姓名列後；

安達興助少佐　天津總機關長
細木繁中佐　通州特務機關長
（細木繁於通州偽保安隊反正時被殺）
大木四郎　張垣特務機關長
淺海喜雄（假名桑原）　張北特務機關長
田中久（假名植山）　多倫特務機關長
田中降吉　嘉卜寺特務機關長
盛島博士　百林廟特務機關長
橫山信治　安西特務機關長
羽山喜郎中佐　歸綏特務機關長
池田中佐　寧夏特務機關長
古市保太（假名河野）　太原特務機關長

井上大尉　平涼特務機關長

茂川　關東軍駐津特務機關長

知知鷹二　天津駐屯軍特務機關長

（最近有改任喜多誠一為機關長說）

邊崎少佐　偽滿駐津特務機關長

福榮真平中蓋　榆關正特務機關長

伊藤賢二　榆關副特務機關長

中瀨　承德特務機關長

松井太久郎　北平特務機關長

谷荻那華雄少佐　青島特務機關長

石野少佐　濟南特務機關長

楠本寶隆大佐　上海特務機關長

（最近因工作不撤力職另由邊崎少佐繼任）

志賀秀二　鄭州特務機關長

（本年一月間其祕密機關被我方破獲後，志賀即被迫離境）

小旗　重慶特務機關長

西川印次郎　杭州特務機關長

小田中將　汕頭特務機關長

第七章　祕密報告書

第一節　松室少將的情報

由於日本在華間諜勝利的開展，給予日本帝國主義的侵略以莫大之方便，現在日本帝國主義對中國的侵略，是步步前進，因而間諜的活動也加緊了。松室孝良少將是日本在華間諜鉅子之一，他對於間諜的活動有很大的策劃，當一九三六年九月在長春舉行的日本駐華偵察會議中，松室少將曾提出一種「祕密文件」說明過去間諜工作之成效及將來的動向，其實質上與《田中奏書》並不相差多少。在這祕密文件中顯示了重大的政治意味：第一，此一新證據可以揭露日本帝國主義侵略整個中國之野心，第二，此一文件又係日本帝國主義內部薄弱之證據。在四萬萬中國人民反抗力增長的前面，日本掠奪者不敢專用「鐵血政策」（《田中奏書》語）

而須採取新策略——從事中國領土分化，破壞民族統一，這不是想要削弱中華民族反抗的力量麼？此外，日本帝國主義有一個極大的錯誤，它以為間諜的活動，陰謀的散佈，便可以完成征服中國的企圖，但事情恰恰相反，間諜所帶來的陰謀，乃是明白地告訴中國的大眾，只有民族自衛才能反間諜，也只有發動民族的解放戰爭，才能消滅侵略者的陰謀。

這祕密文件結果被美國的反間諜獲得，於一九三七年二月十三日出版的《中國每週評報》上發表，旋由蘇聯的《真理報》翻譯，的確是值得注意的一個文件，以往在中國的報章雜誌上雖逆有登載，但因原文過長，僅係扼要摘錄，現將其全部譯述如左：

一、走私問題

我帝國為實現大陸政策之大亞細亞主義而稱霸全世界，除取得滿蒙以外，更須以皇軍的勢力逐漸深入支那本部個省，消滅支那軍隊之勢力，使之全部隸屬於帝國之下，首要步驟即在促使華北特殊政體的成立，並受皇軍的節制，以便直接依照帝國的意志進而解決其政治經濟軍事諸般問題，則向支那走私實為達到上述目的的斷然手段。

（一）原料與市：——帝國工業的生產量已逐漸膨大，輸出日增，但歐美列強莫不嫉視我帝國的商品入，紛紛在其本國和屬地上高築關稅壁壘以抵制之。中國對之，雖一本報復主義，而用增高稅率方法抵制其商品的推銷，但這些商品多半是帝國工業所必需的原料，而自國並無足以替代的產品，因此帝國深感原料的缺乏和市場的狹小。此種原料的市場的獲得，已非經過艱辛奮鬥莫辦，而要確保其獲得，又須使此等地域與帝國基幹勢力打成一片。一九三一年九一八滿洲事變發生以來，帝國之市場與原料問題方暫告和緩。然而對於新原料及新市場的獲得，仍為帝國目前最重要的事，其原因：

1. 滿洲尚不能對原料問題予以全部的解決，若干原料在滿洲並不能產生，若干原料則品質不佳，非經培養不能適用。
2. 滿洲市場已臻飽和時期，非擴大市場不能立刻滿足帝國生產率的增進。
3. 滿洲帝國尚須使滿洲邊界地域成為緩衝地帶，而方足以保滿洲而期萬全。

依帝國大陸政策的滿蒙主義，則在佔領滿洲之後，應再繼續圖蒙，但蒙在軍事上雖然地位重要，我帝國對之，勢在必得，而且帝國已不斷努力以取得蒙古，但蒙古是一片平野，其資源尚須長期的調查的開發，加以蒙人生活落後，故無論原料之供給或市場之開拓上言，蒙古為緩不濟急，同時日本對蒙古工作人才，一時亦頗缺乏，但原野生活不適於其活動，蘇俄之監視又重限制其急率佔領，故目前對於蒙古只能用在種種手段掩護之下，以實力威脅操縱王公的方式。不能作任何刺激情緒的舉動，而帝國原料及市場問題解決，於是不得不注視易於進攻的華北。關於華北的原料的及市場之現狀，今可略述如下：

(1)消費者人口——冀察魯綏陝豫（半數）晉的約計一億人口，當滿洲三倍，消費力當然也在三倍之上，至於商品，則可從天津或青島輸入。

(2)生產原料——華北是全華原料中心地，物產豐富，有煤鐵，小麥，棉花，石油，就調查統計，煤的產量實佔全世界第二位，僅次於美國，山西一省所計，便佔半數華北撫順產煉多出二十倍，鐵之產量共約藏二億噸，小麥則晉豫冀察每年共約計產一億一千萬担，棉花出產每年三百二十萬担，而高粱在七千萬担以上，大豆在五千萬担以上。

將來我帝國加以有計劃的指導統治和經營，則此後原料產量還可以增加二三倍，彼民眾消費力也可以增加。因此，華北實在是帝國不可多得的好殖民地。

（二）政治問題：帝國上次所發動的自治運動已失敗，而只收獲到冀東的獨立，帝國根據此種形勢，目下只有採取撫情順勢而積極地走私的方法，以有力地威脅支那，走私的功用：

1.可輸入帝國大批商品，救濟國內生產量剩餘的恐慌。

2.驅走英美列國在支那市場上的勢力而替代之。

3.捉成全支那物價的下落，一方面可以抵制歐美列國的貨品，另一方面又可以得到民眾的歡心，增進人民的消費力和購買力。

4. 培養浪人以作帝國先鋒，他們可以深入內地，作特殊的活動，吸收各地親日份子，而成為帝國消滅華北勢力的幫助。

5. 鞭策華民使其怕懼日本，並以走私誘惑的手段，試驗當地官吏的性格。

現在支那所傳說的緝私，實在是可憐可笑拙法的行為，但假使支那方面採用斷然手段，帝國實在沒有別的辦法，只得聽其自然，因過於庇護，只能增強全支那民眾的反抗情緒，於事無補。但目前支那方面在普遍的畏我心理之下，絕不敢對我稍行阻礙，我仍以繼用威脅政策為宜，以使支那永久就範，此次增兵實於軍事意義外含有不戰而勝的威脅力量。華北政權的獨立，只是形式的問題，帝國為達到目的，也不必太予難堪。同時華北的輸入輸出，只要用少許的威脅便可使之給予帝國商品以最惠的待遇，對於帝國今後商品之出入實為極大動力。

（三）對問稅的收入：因走私愈多，支那關稅所受損失愈大，用走私方法即可強迫支那對我訂最惠國關稅待遇。目前形勢，支那當局已有就範可能。

二、支那官民

（一）勢力派的聰明：帝國最感愉快的，是支那官吏普遍的懾於「恐日病」，而不敢稍行違抗帝國。現在全支那約十分之七都非常聰明，不願發動實力，違抗帝國意志而自找咎戾，更不能精誠團結聯合應付，而各個採取自保主義，苟延圖存，此等各國小勢力，其所關切者，也只此小集團的目前利益，當然難於抵抗帝國的攻擊，此種自私心理，對於帝國實有很大的幫助，竟可使帝國不戰而勝，一言而獲。倘使支那官民還如張作霖氏說打就打，不管任何外交或國際，馬占山氏明知實力懸殊而竟硬幹強幹，則帝國亦必不免有「相當損失」，便須慎重行事，而不能威迫太過了。現在宋哲元部下已經很有這種傾向，帝國政策便必須慎重而迂迴，須知中國正式軍旅作戰雖常失敗，然而變兵為散匪，便成為皇軍的勁敵，這點是不可不注意的。

中國勢力大都採取個人或小集團的繁榮主義，缺乏為國為民的觀念，因此形成獨霸一方獨裁私兵的狀況，國家的存在，民眾的痛苦，他們從來不負責任，只知道維持現狀以解決其旺盛的政治慾物質慾，而不願粉碎其勢力。真能愛國愛民的極少，大都只知顧己不知顧國，他們的勢力只用以維持現狀鎮壓反動，還嫌不足，遑論抗日，他們慾望既高，便志氣多趨於薄弱，而不堪利誘威脅，滿洲事變之已成效果，以後全華各地當局的一再退讓，這種事實便可證明，因此帝國今後以當擊破大的對眾，尋獲小的對象，以分散其勢力的集中，增加彼此的疑嫉，為對支那工作的策略。

（二）一般民眾：中國人的特性，愛國不過五分鐘，並且有不知國家為何物的，大部分官民均係利令智昏，顧家忘國，甚且甘心禍國，其目的只求解決一身一家小集團的慾望，而不顧國事民生，雖一小部階份子還能顧全大體圖謀向上，但都是屬於被壓迫的下層，亦貪窮無用武之地。此後帝國所應採取的策略便是任用權貴份子，鎮壓有志氣的忠幹份子。

以華人民而言，更是意志薄弱，奸滑成性，易於利誘威脅，民眾間缺乏團結組織和訓練，完全像一般散沙，因之長城事件以來，還沒有抗日勢力的反動和結成，不像滿洲方面，自九一八四年以來，反滿抗日勢力，仍是再接再勵和我們博鬥，雖經收撫討伐和軍事政治的工作，卻仍然為帝國的心腹之患。

華北現在的抗日份子和學生雖然有相當的組織和堅決的意志，但大部分還是外地份子，難於深入華北內地的民間，一旦華北變起，勢必星散瓦解，所以也是不足為患，所懼者於他們以深刻的懷抱，反滿抗日的思想而帶到鄉里去傳播鼓吹，訓練民眾示威，成為帝國的大敵。因此帝國為避免激發他們的反感，對於他們的行動，只有盡量避免直接交涉，而督促華北政權去取締他們。

（三）浪人活動：帝國的威武皇軍已經將威力深入到支那官民的腦海，所以我帝國軍民的在華北活動者很少遇到辱害的情事，大部分浪人的不法活動非常有力。這愈顯得出支那官民的苟安和無能，增加民眾對官府的怨恨和失望，對帝國的威武皇軍反由嫉視而轉為畏懼和羨慕。滿洲全部已在帝國統治之下，浪人活動已沒有必要，所以已經取締，但是在華北則不同，浪人活動的自由比較在滿洲順利，內地浪人和在滿浪人已大多趨向華北，他們對於帝國的實在功勞，難以漠視。

正當日人洞悉日本與支那間的糾紛，顧慮其生命財產的安全，不願到支那以冒危險，即或去華北，亦只限於都市，不敢作不正當的事業，浪人則不然，沒有家室，而有敢幹的精神，充分利用漢奸通力合作，這種浪人既受帝國的庇護，當然對帝國誓忠，所以倘能對之有所命令，便雖死不辭，而支那政府對他們，亦因他們是在帝國的放縱之下，而不敢取締之，假如浪人行為過於不正當，則帝國便以莠民名義監送回國，亦可無礙帝國的威信，中國官吏的恐日，由走私一事已可證明，素來較有骨氣的關稅亦至於軟化，一般官吏無論矣；所以浪人的活動由少數軍警的掩護而任意行動即可，不必發動大的力量。將來如果中國官府有實力取締決心，那時我帝國亦不必過分庇護。

（四）共產軍與共產黨：共產軍之主力，現雖已反陝，但是還有襲入察綏傾向，滿洲蘇聯抗日之危虞，皆我帝國不可忽視者。支那共匪勢力雄厚，戰鬥力很大，他們有近代軍隊所難有的苦幹精神，他們的思想又侵澈民心，以支那無大資本階級僅有小的農工階級即被彼等煽惑，竟由江西巢穴而繞道竄至華北，轉戰萬里，倍歷艱率，物質上感受非常壓迫，精神上反很旺盛，這次入晉，又掠得相當的物質，實力更加強大，他們善於運用時機，抓住支那人民的心理，鼓吹抗日，將來的勢力實不容漠視。支那大部青年鑒於國內政治的腐化，軍事經濟沒有更生希望，政府沒有抵抗的決心，退讓沒有止境的主義，於澈底抗日的共同目標下，抗日圖存收復失地的號召下，紛紛加入了共產黨，甘心作共產軍的前鋒，潛伏在華北積極地活動，並且和在滿匪賊取得聯絡，將來彼等的擴大充實，亦是帝國的大敵。（帝國工商業發達過早，早已形成勞資對立的狀態，一旦原料不足或市場狹小，發生減縮生活或生產過剩而造成失業恐慌，都使帝國小民易受共黨的煽惑。此外貧農階級工兵分子的向上，滿鮮民族的窮困，也都是共黨可乘之機。）以共產軍的實質言，他們實在是皇軍的大敵。世界各國軍旅沒有不要大批薪餉和大批物質的分配和補充，沒有錢時即可能動搖，沒有物質時更是不堪設想，但共產軍則不然，他們生活簡單，武器窳敗，彈藥缺少，而用赤化政策，游擊戰術和適切的宣傳，機敏的組織，思想的訓練，而取得小民之擁護，實施大眾團結，苦幹硬幹的精神，再接再厲的努力。譬如在滿的紅軍使能精銳地適應窮乏的地方，用時零時整的耐久游擊行軍。他們極能適應，將來不能速戰速決的物質缺乏的大戰，是顯然的，所以皇軍利於守而不利於攻，應當嚴防他們思想上的宣傳，不時的游擊，和出沒無常擾亂後方的行軍。

（五）找口實：帝國如欲對華發動，口實實在是可以隨意得到的，所以支那官民的威惶誠恐，對我不敢冒犯的主義實在非常可笑，由此更可看見帝國的威力，帝國怎麼可以不乘機進攻，奪取特殊的權益呢？目下先鋒的人才問題，已經借專家或技術者的名義，而安插到華北政權下的政治經濟交通軍事各部門，此後更進一步的知己知彼，那麼他們對於帝國光榮的供獻，一定可以有非常的效果。

（六）對華工作：帝國對支那的工作，此後採用以華制華的主義，方式是絕對不用軍力佔領，自找煩惱，而是利用土著勢力派，造成對立或自治的若干政權，第一階須確保華北和西北，因為有如下的五個意義：

1. 華北各地民眾沒有組織而奸滑成性，抗日力量比較小，而且又是帝國解決原料和市場的地區。
2. 西北（指綏蒙而言）多是原野，蒙古的官民都易於受皇軍的懷柔和統治。
3. 華北西北處在滿洲國的外圍，可以做滿洲的相當緩衝，在軍事上又有極重要的意義；(1)使一波未平一波又起，支那恐日觀念更加普遍，則收復失地的企望逐漸消沉。(2)斷絕蘇聯支那的聯絡，切斷其共同抗日的戰線。
4. 斷絕非常時期任何勢力的侵向東北。

5.華北西北得到確實的保障後，華中華東華南也可逐漸完成，威脅而服之，逐漸使支那政府消滅，而各個獨立的政權則都受帝國的統治。

所以帝國對華工作，很可能採用不戰而勝的方式，倘若中國官民毅然抗日，帝國為顧慮大敵蘇俄背後的牽制，國際間的刺激，戰事開後使各地的動盪，和中國遍地的兵匪，則帝國在華官民軍族生命財產的相當損害，一切破壞後建設的困難，以及支那軍隊共產軍隊在滿聯合抗日，滿華官民反動清緒的激昂，皆足以使帝國的勝利有大量的危險。自九一八以來，帝國對支那屢次作戰，和對支那軍作戰，因支那軍的採取依賴國聯而行無抵抗主義，所以皇軍得到順調勝利，後來支那軍隊因為沒有知己知彼的認識，受帝國皇軍威脅而竟疑神疑鬼，轉成普遍恐日病，帝國相煎愈烈，支那之惶恐愈甚，各當局的恐日病愈加重。但倘支那官民一致合心而抵抗，則帝國在滿的勢力便將陷於重圍，一切原料能不能供給帝國，一切帝場能不能消費日貨，一切交通要塞資源工廠的能不能由帝國保持，偌大地區的人口，能不能為帝國統治，都沒有確切的把握，同時抗日反滿力量的集結，實行大規模的游擊擾亂，則皇軍勢也將感到難於應付。時至今日，雖環境有了改變，但全華各地潛伏在的抗日實力以作號召者，還是到處都是。所以帝國此後對華北工作的方法。只有隨時促進下列數點的實現：

1. 以威力脅迫並且鎮壓各實力派，以收不戰而勝之效。
2. 避免用實力粉碎各實力派的力量，以免遭不必要的損失。
3. 嚴密監視並排擊支那各實力派的精誠團結自力更生由覺悟而聯合抗日。
4. 嚴防支那當局的聯合英美蘇而進行抗日。
5. 務宜防馮系勢力（指宋韓）與閻張和陝北共軍的總的聯合，而實現其抗日。
6. 吸引恐日病最深的實力份子，給以實力的援助，使之鎮壓反日份子。

第二節　日人併吞全華的毒辣計劃

一、為什麼要發動新的戰爭

帝國（指日本，以下同）內部現正痛切體驗，戰時經濟體制之諸多矛盾，生產力之不足，生產設備之不足，原料之不足，及蓄積資本之不足，凡此均需開始新的戰爭，俾有所補足。而國內不穩勢力（似指革命勢力）之高漲，罷工之狂瀾，亦需發動內外舉國之戰爭以期平靖，且今日某國（指中國，以下同）內部統一方將告成，而若干分子如某某某長某某某，及某某某主席某某某等，正力謀掙扎，故再度分化該國或在皇軍駐在區域內樹立親善政權，更急需新戰爭以扶持之，即日發動，已嫌稍遲，況待彼國內統一完全告成之時乎。

二、對華戰爭應顧慮之點

依上述戰爭之需要，新戰爭亦應顧慮如下特點：

（一）速戰，蓋無論從經濟的、政治的各場合，帝國對某國戰爭決難持久，即從戰略言，亦無堅固之防禦地也。

（二）控制軍事交通要道之集結戰。現今帝國為佔取某國沿海沿江及交通重要之都市，便利帝國在某國之軍隊迅速集中若干地點作戰。已從事種種準備，然尤宜加緊進行。

（三）不僅在既佔領或正進佔之區域內，應努力建立並鞏固親善政策政權，尤宜迅速恢復整個的外交關係，俾減少國際干涉，並減輕帝國軍事後方之憂，而擁護皇軍之新進展。

（四）迅速策動某國某中之親日要員，如某某某長某氏，某某某主席某氏等，注力於動搖分子，運用各種巧妙的方法以分抗日之集團（如某某某）軍隊、（如東北軍），並排除或壓倒抗日分子，此外對中國全國救國會，應予一網打盡，不限於若干上層分子之判罪。

（五）為減少北部方面之抵抗力，帝國應即派遣多數精銳海軍進襲沿江沿海，使首尾不能兼顧，再繞西北採取包圍形勢，以分華北及沿海數區之兵力。

三、對華侵略

（一）佔領華北之侵略：一、冀察戰線，以重兵守平津，形成華北戰爭之支撐點，再以精銳沿津浦平漢兩線南下，與青島登陸部隊會合於濟南濟寧或開封而遮斷隴海路，一面以重兵駐守保定或石家莊，待機進攻山西，同時阻截中國軍隊從河南北上，此外則尤須封鎖華北海口青島塘沽等地，並截斷中國與東北各匪賊（義勇軍）之聯繫。一、西北戰線，以精兵開始運動戰，實行包圍戰略，進而搗毀內部各都市，如運動戰成功，則立即在綏陝寧甘青等省樹立親善政權，同時遮斷中蘇聯絡，然後直驅陝西與冀察戰線之皇軍會師鄭州，而巧妙地避免列強之干涉。三、青島及塘沽戰線，兩者均為皇軍佔領華北之捷徑，以佐世保為中心而使海陸軍登陸後，即從青島沿膠濟與滄石線而直搗太原，或從塘沽沿津浦及滄石線抵並。

（二）進攻華中及華南：一、揚子江戰線，皇軍應沿揚子江逆流而上，砲毀沿岸各重要都會，如南京，鎮江等地，並以飛機轟炸蘇州、京、滬等地。此外以佐世保中心之海軍，應在砲擊沿海都會時封鎖沿海數省以發揮其威力。二、福建戰線，以台北基隆為中心之海軍，直搗福州，或封鎖之，或以飛機轟炸沿岸都會。三、廣州灣香港戰線，以海南島為中心而進搗廣東，或以飛機轟炸廣州及粵漢鐵路。

該項祕密文件並詳細解釋，此項戰略非可以同時進行者，蓋財政上政治上，尤其是外交上列強之干涉等問題，均極嚴重，故今日應力謀國際之和緩，而以突擊之方式。出其不意而取得勝利，同時以其他事件分別注意，而進行第二突擊，俾完成全部國策云。

第八章　侵華最著名的幾個日本間諜

第一節　甲午戰前活躍於中國的荒尾精

荒尾精生於名古屋藩士之家，適值維新成功，廢藩置縣，家道衰敗，幼時貧不能就學。適有東京麴町警察署警部鹿兒島人管井誠美憐之，收養家中。當時尚在明治初年，鹿兒島軍人西鄉隆盛正因唱征韓論不為朝議所容納而下野，所以荒尾從小就聽到出入管井家中的鹿兒島出身的陸海軍將校的慷慨激昂的議論。他們所談的，無非是如何擴張海軍，如何經略朝鮮設立根據地，以圖漸次侵蝕中國，稱霸東亞，而與歐美各國對峙。在這環境之中生長的荒尾，後日以全副精力來指揮浪人調查中國邊疆腹地，以備當局參考，亦無足深怪的了。

他因為受過鹿兒島軍人言論的刺激，他就想到如果要對付中國，必須切實調查中國的實情，才能著手。同時又感覺到此種任務，與軍事上有莫大關係，所以他就感覺到必須培養自己的軍事知識。他本來已經進了東京外國語學校，馬上就轉入了陸軍教導團。那時候，日本養成軍人的方法，大體是從教導團下士之中，選拔優秀，送入士官學校肄業的。荒尾的入教導團，是有相當目的的，他那種耐苦忍勞的精神，使得他入選。數年之間，將應修的課程以及應得軍事上知識，無不研究得透徹。士官同學，卒業之後，大都在那裡做升任高級將領的幻夢，他卻奔走表示，急欲辭去軍職，以便渡華實行他的宿志。有一次他去訪問某當局陳述他的渡華志願，某當局就問他：「目今青年有為之士，大都爭往歐美留學，足下何以獨欲赴固陋之極的中國呢？」他說：「惟其因為大家都醉心歐美而置中國於不顧，所以我想到中國去」。又有一個要人問他：「你想到中國去做什麼事呢？」他說：「到中國去略取中國，略取中國之後，施行善政，以圖復興亞細亞」。荒尾後日的行動，已可在上面寥寥數語之中窺見；而今日日人的高唱大亞細亞者，究其實際，固無一不與荒尾相同，都欲借此美名來亡我中國哩。

當時陸軍方面因為荒尾初卒業，不許辭職，並且派他到熊本去任第十三聯隊附。他在熊本師團裡，遇到了曾經來華擅長華語的御幡雅文。他就設法住在一個官舍裡頭，每遇空間，就請御幡教授華語。在熊本服務了兩年，除增長許多軍事知識以外，華語的進步也很快，不但能夠作普通的談話，並且能夠寫簡短的句子。後陸軍當局就調他到參謀本部中國課內服務，於是他看到了許多祕藏的書籍和地圖，隨時翻閱研究，積年慾望，於是稍稍達到了，一方面更向部外交結有志於東亞問題的人物，在這批人物之中，他交著了今野巖夫，他時時聽今野談他本人過去的經歷。今野告訴他，他自己曾經背了乾糧，冒著風寒，經過北海道到西伯利亞去，經過了飢寒及虎狼的危險，又從西伯利亞轉入蒙古出印度而達波斯。身患疫癘，遇救未死，其後又得波斯王資助歸國。他又告訴荒尾歸國未幾，他又去遊歷印度支那，出入中國雲貴邊境，光緒十年（明治十七年）中法發生戰爭，他曾經投入劉永福黑旗軍中參加過好幾次血戰。這種有聲有色的談話，更加引起了荒尾的好奇心，增高了他萬丈氣燄，他的渡華意志愈益堅決，所以參謀本部當局到明治十九年春天，終於徇彼之請，派遣到中國來做諜報武官了。

第二節　著稱現代間諜史上的土肥原

最近日方宣稱將派土肥原飛濟南謁韓復榘，勸其接受日方主張，實行華北五省自治云云。茲據政府確息，魯省方面連日並無任何敵方人員到濟，僅於日前有敵機一架在濟南上空投下通信袋一只，內有類似信件之文件，措詞極為荒謬，我地方當局極端憤慨，認為中國此次抗戰，係全國一致主張，敵人軍隊一日不撤，中國抗戰一日不止，決無妥協餘地，乃敵人尚欲於此時，施其分化故技，企圖破壞我抗戰陣線，可謂心勞日拙，可恨亦復可笑云。韓復榘旋於次日電路透社，亦絕對否認該社北平電所傳日師團長土肥原到濟唔韓之說，略謂日來外事報紙，盛傳土肥原突抵濟南，討論魯省加入所謂華北五省自治云云，此項謠言，純屬無稽，凡有理智之人，均不能置信，緣吾國抵抗暴日侵略，係為生存而奮鬥，亦即中國唯一之出路，凡屬中國軍人，守土衛民，責無旁貸，余兼負魯省行政軍事兩方面之任，當唯中央政府之命是從，且對蔣委員長絕對服從，以盡抗敵禦侮之責，日敵故造謠言，望我同胞及友邦人士萬勿置信云。

其實誰都知道，幾年來日本積極侵略中國，都是土肥原賢二郎一手所包辦，回溯到早先，他在大戰期間已充份地顯示了他的「本能」，當時日本乘機在亞洲暗中活動，是需要用各種詭計和陰謀以掩蔽世人之耳目，土肥原以這種特長見稱，以後就被派當蠶食中國的重任。

九一八事變之前，土肥原已經被任為關東軍的特務機關長，當九一八事變之夜，日本正規軍攻打北大營與兵工廠，而特務機關的人員率領在鄉軍人、商人、浪人分頭佔領了各處衝要，給日本關東軍司令部以意外的援助，土肥原於此次事變，不但馳名中日官民之間，就是國際間對於這個特殊人物，也特別警目，在以前某西文雜誌上曾這樣的登載過：

……假如日本侵吞了中國，那就要大大的歸功於土肥原賢二郎將軍，因為土肥原是日軍情報部活動的靈魂，並且是「遠東的勞倫斯」。他的工作不僅是在敵人軍營的四週打聽消息而轉呈到總部去，他的任務不但是在探出戰爭。卻是計劃戰爭，並且把牠爆發起來，這樣就在恐怖的日軍參謀部的後面形成了真實的勢力。狡猾的荒木在東京做他的事務，煽動那些膽怯的政治家參與軍事行動；貌似溫和的本莊繁是一位野戰軍事專家，負有製造「皇國」的企圖，展開他的步隊和坦克車跨過中國的萬里長城。但是缺少了土肥原，這些將官們的計劃和陣地將不無相當的影響……

在東京他們也曾這樣的說過：「一位軍官要是沒有土肥原，正像一位船主失去了羅盤一樣」。這未免有點言過其實，但這一切的言論，足證中外人士對土肥原重視的一斑了。

土肥原不只是協助關東軍部佔領了整個的東北，並且還憑著他陰謀家的政治魔術，一帆風順地先後造成了三個傀儡組織，溥儀的「偽滿洲」，殷汝耕的「冀東防共自治區」和冀察政務委員會，現在他又代軍部策劃煽動著第四個傀儡——蒙古獨立自治國——的成立，以後還有第五第六……他的野心是沒有止境的，就是整個的中國也早在他的企圖之中，他自己曾經說過：「在我們的擴展政策中，黃河只不過是一個臨時息足點罷了！」

土肥原在偽滿洲國成立時，除了綁架過原先住在天津的溥儀去做傀儡皇帝以外，想拉個把較有名望的人物到傀儡政府中去，他看中了當時在領導抗日的馬占山將軍，他要請馬將軍去做軍政部長，並且願意贈送大批現金給馬將軍，接洽了好久，土肥原用去了一百萬日金之多，可是馬將軍非但沒有答應去做部長，而且還繼續領導著東北的將士抗敵。日本間諜機關想收買馬將軍的企圖可恥的失敗，使土肥原大倒其霉，日本參謀部不得不把土肥原調開滿洲，給他一個少將頭銜，並暫時任命國內駐軍的一個旅團長。

但不久以後，土肥原又出現於滿洲了，不過在這一次他已經是關東軍的參謀兼任特務機關長了，從此，凡是中國、滿洲、西藏、蒙古、新疆等地的日本間諜機關都受他的節制，他常到中國各地去旅行，實際就是去檢查他的下層工作。

外國報紙說土肥原是中國許多次內亂是幕後發動者。因為遠在一九二〇年以前，他便以「支那通」的資格在東北活動，他與坂垣等關東軍的首腦部，祕密的主持著瀋陽的特務機關，自那時以後中國北方甚至整個中國的一切政治變動，他無不側身參預其間的。

第一次的奉直戰爭，他在幕後活動，第二次（一九二三年）的奉直戰爭，他也竭力援助奉方，把直系的領袖趕到江南，以後郭松齡倒戈，也是他給奉方的幫助，消滅了郭氏的勢力。這時，他在東北方面成為日本帝國主義操縱中國政局的主要代表人。

一九二六年以後，北伐軍的勢力向著長江進展，國民革命的潮流迷漫了整個的中國，土肥原這時遠在東北，但他卻竭力鼓吹奉直的合作，以便共同防「赤」，他斡旋於吳張之間，並且向田中首相獻計，這次他的策略一時未被參謀本部所採納，但不久，田中首相卻接受這種建議，策動了在東北舉行的奉直會議。

但是奉直的聯合戰終經不過國民革命潮流的沖擊，不久以後，奉直軍閥都被革命軍打得東敗西竄，土肥原這時卻在東北從事陰謀的活動。皇姑屯炸車的事件爆發，他被人們深深地懷疑，以為這是由於他的主動，因為這種關係，他在國內受著町野武馬等人的彈刻，而東北當局對他也是一個敬而遠之的態度。

一九三五年底和一九三六年初，土肥原在中國南方做了一次長期的旅行，他關於這次旅行的報告書的墨跡還沒有乾燥的時候，就發生了西南事變，幸中央方面應付得當，而未擴大事變，但誰能說此次事變與土肥原的旅行是沒有關係呢？

土肥原是日本著名陰謀家頭山滿的門徒之一，是士官學校的學生，以後又住日本的陸軍大學，陸軍大學畢業之後不久，他即被派到中國，在北平受坂西利八郎的訓練。他對中國問題不息的研討，在中國的社會中生活很久，不僅了解中國的社會情形，而且會說一口純熟的中國話，他說起中國話來甚至比他說日本話似乎還要好些，在日本軍部裡，他是一位有數的「支那通」。

因為他的這種「汗馬功勞」，很快的被由大佐升少將，回日本任廣島的旅團長，旋又因在華北對於侵略部分成功，升為中將，歸國去任久留米第十二師團長，他的年齡在日本中將級中算最小，他在短短的五六年之間，從一個大佐（上校）而升到了陸軍中將，官升得如此的快，日本帝國主義軍隊中是最不容易的。例如在一九三五年刺死永田將軍的那個法西斯軍人相澤，在軍隊中服務二十五年，只得了一個中校的頭銜。

就軍部的派別來說，他不屬於荒木派，也不屬於統治派，他雖和宇垣有關係，但說他是宇垣派，也不十分恰當，九一八事變以來，寧說他和許多人是屬於關東軍的另一系統的。

不過不管他是屬於那一系，但是日本帝國主義在對華的長期侵略中，卻很需要著這一位侵略的能手，而我們中國的大眾，在慘痛的歷史中，自然也是不會忘記這位被外國雜稱為「遠東的勞倫斯」的非常人物的。

第三節　所謂偉大異人的松室孝良

前北平特務機關長松室孝良少將，日人稱之為：「偉大的異人」，他對於「滿洲」與「熱河」兩事件，有極大的功績，聲譽頗著。和昭八年五月二十二日，那時還是一個大佐，這天早晨，他和白川軍曹，操縱所謂愛國機「滿洲」號，飛翔於「熱河」的上空，因為飛行很底，被土匪的槍彈打中，墜落在多倫與承德之間，白川軍曹戰死，他則被擄，一個月間消息完全不明，不料到了六月二十一日那天，他忽然帶了熱河的土匪頭目劉鳳鳴部約八十餘名，來見赤峯特務機關長松井中佐。原來他在匪窟的時候，用種種方法勸說土匪歸順，其間他曾有一信通報小磯參謀長說：「我目下在四岔口附近之兵匪團體中，起居頗受優待，以我的熱心和誠意必努力試勸土匪們前來歸順，請勿繫念」。其膽魄之大，真可驚歎，此後他就無形中做了熱河四十七個土匪賊團的日本司令官，率領匪賊，數近二萬，以後松室就依賴這些勢力把熱河的清鄉工作，不多時辦成功了。

松室孝良這人很厲害，政治的眼光更高於土肥原，華北的特殊貿易（走私），就是他的毒辣計劃之一，他更有極詳盡極刻毒的侵華陰謀計劃，條陳給日軍部，由他手內把日本在華北的特務機關，增加了數處，把工作範圍也擴大了，他更與熱河的特務機關合力佈置察北的陰謀，在察哈爾、綏遠、太原都成立了特務機關，幸而他在平津活動不久，隨著軍隊的換防而退職，現在北平的日本特務機關長是松井太久郎大佐，這個人到任時，正值綏遠劇戰，他對於一切活動計劃，都是走著松室孝良的老途徑。

松室現年五十一歲，士官學校第十九期騎兵科畢業，當然是一個有數的中國通，這個所謂：「偉大的異人」，在以往短短的時間中，成績已非凡了。我們只要看他給軍部的各種驚人的情報，即可推知是一個了不起的陰謀家啊！

第四節　機智靈利的喜多誠一

陸軍武官喜多誠一少將，是陸軍部內有數的中國通不亞於川越大使，正是一位川越大使的極好幫手，他生於滋賀縣，今年五十一歲士官學校第十九期步兵科畢業，入陸軍大學畢業後，即派駐中國任廣州、北平、上海、南京各地的武官，參謀本部的中國班班員，中國課長，九一八事變時，他充任關東軍第二課課長，「一二八」事變時，他充任派遣軍參謀，去年偽自治運動發生，他奉派來華，協助華北駐屯軍司令多田駿策劃一切，匪投不與，喜多誠不失為侵略中國的健將。

喜多不但是陰謀的能手，而且是兼長軍事學識的，當他任參謀本部戰鬥廳中國課課長時，已迭次來華假考察或遊歷名義，從事中國軍事消息的探查。二十三年六月間奉派來華參加天津日軍代表會議後，即乘津浦車至南京，而於六月十七日抵滬，與有吉大使及第三艦隊司令百武中將會晤，並往上海日軍司令部及武官室接洽重要機密事件，旋即轉往兩廣有所活動，因為日本參謀本部希望詳知華南於政治特別是軍事方面的情況，故派喜多前往作實地的偵察，最主要地方為廣西安南邊界，海南島、澳門及廣東海岸一帶。據聞喜多之偵察工作與日本參謀本部戰鬥廳研討日軍作戰計劃有連帶關係，日本研討作戰計劃之目的係為於國家主權在華南邊界發生問題時之準備，喜多抵粵後即飭各日本間諜偵察粵軍之組織與武裝配備及作戰實力等情況，在滬時亦曾飭上海武官室偵察中央直轄各部隊之詳細情形，其時並有日本海軍少將某氏協助喜多在海南島一帶之偵察工作。其時外界傳說日本陸、海參謀本部企圖於將來在海南島取得某種的特權，或與葡萄牙代表談判購買（或租賃）澳門之一部土地，總之，喜多之活動，實有重大的軍事意義。

他做事聰明而細心，沒有一點粗相，尤不容易傾吐他所抱持底最後的見解，在和人接洽之際，他不願單刀直入的，披瀝所信，卻寧是迂迴曲折的，徐徐而進。其天性與洒脫的容貌，久經中國式的磨練，穿著中國的服裝，全像一位中國的大人，在遊華北的時候，曾與宋哲元氏共攝一影，載在報上，其容貌酷似，幾疑為兄弟。對於這件事，他曾苦笑說道：「不錯，我也成為中國式了」。

第五節　名支那通坂垣征四郎

前任日本關東軍參謀長，現任日本陸軍第五師團長之坂垣征四郎，為有名的支那通，素性極為兇狠，九一八事變主角之一，現為少壯軍人派領袖，一向主張所謂冀東擴大化與所謂華北特殊化者。坂垣任關東軍參謀長八個月，算是把我們東北糟塌得夠受，我們對於這位東洋式的侵略將，畢竟有特別認識的必要。

這位狂熱的中國侵略者，是一八八五年（日本明治八年）生的，今年五十三歲，最早出身於仙臺陸軍地方幼年學校，接著入陸軍士官學校第十六期，最後更卒業於陸軍大學。

坂垣的名位，是藉著九一八事變起來的。當時他是關東軍的高級參謀——大佐級，事變發生後，他和中佐參謀石原莞爾最為活躍，他們兩個，不但佈置軍事，指揮作戰，而且還風塵僕僕的往來東北各地，搬弄傀儡，導演所謂「建國」醜劇，可巧他倆又都是出身於仙臺陸軍地方幼年學校，所以當時有人說：「滿洲事變的關東軍作戰，是由仙臺出身者指揮的。」

「偽滿」傀儡政府成立後，坂垣回到了日本內地升任為參謀本部部附，旋又出席軍縮會議，在海外聲鑼打鼓地替日本辯護。一九三四年一月回國，八月被任為「滿洲國」軍政部最高顧問，於是他又到東北去幹搬弄傀儡的舊營生活了。據日本人自己宣傳說坂垣到海外走一趟回來，除了軍事以外，又懂得了些政治，所以這時居然是一位「軍政家」。

一九三五年正月，日本駐華的特務機關和關東軍的特務機關，在大連召開會議，討論圖謀中國的計劃，這次會議的中心人物，就是坂垣。

一九三六年八月，日本陸軍異動，參謀次長彬山元升任教育總監，關東軍參謀長西尾壽造繼任為參謀次長（現已調升為近衛師團長）坂垣遂承西尾之後，繼任為關東軍參謀長，並晉級中將。

日本人每提到「未來的陸軍擔當者」——即次一代的陸軍大臣，參謀總長，教育總監，或遣外軍司令官，總之為前任關東軍參謀長坂垣征四郎中將准可佔據一席，的確，今日坂垣已經成為日本陸軍界赫赫有名的人物了。上次林大將組閣，一時坂垣出任陸相的呼聲很高，其後雖未獲實現，但旋即升任為廣島第五師團長，可見坂垣確有「未來的陸軍担當者」的資格了。

第六節　密謀華北特殊化最力的松井

松井太久郎大佐（上校），五十歲，福岡縣人，士官學校二十二期生，曾在海參崴及西伯利亞各地祕密活動，因被俄軍偵悉，犯了重大的間諜罪，逮捕下獄，俄軍本欲處以極刑，經日外交交涉，監禁三個月，驅逐出國，他在監牢裡向俄犯學習了俄語，歸國後選充參謀本部部員，陸軍省新聞班長。關東軍參謀，大阪聯隊區司令官，滿洲駐軍隊長。冀察政務委員會為便利與日軍交涉起見，亦聘他為顧問，於是他就如魚得水，負了特殊的使命，開始分化華北內部，吸收親日分子，挑撥中央與華北關係等拿手好戲，時常奔走於天津通州北平之間，想實現理想的「華北特殊化」，擴大冀東偽組織。

第七節　以男裝麗人著名的川島芳子

所謂川島芳子者，即芳子歸化日本後，以川島為姓，芳子為名之合體也，她是亡清肅王的幾十位子女中之一個。清室既覆，肅親王亡命大連，與日本浪人川島連相（今年七十五歲）相互勾結，揚言在東三省復辟，一敗於民初，再敗於民四，肅親王以不得逞而抑鬱病死。其家庭後事，即全託付於浪人川島，那時的川島芳子還是一個六七歲剛懂人事的小女孩。川島攜著肅親王的這個遺女回到日本東北的長野縣，收作養女，如一切流氓浪人之收養女蓄婢奴一樣，想豢養一個「尤物」出來，待她長大好作搖錢樹，而且因為芳子的血統，既是滿洲貴族，也如早年日本政府之養護溥儀一樣，不僅要靠她搖錢，而是準備養她來作政治投資的工具。所以芳子自在松本的女子學校讀了一年書，以後就被養父送到鹿兒島的男子中學校去，用了金良太郎的男名字入學，並且改穿男裝，一直到今天為止，做成了所謂「男裝麗人」的妖物。

男裝麗人，就是女人扮男裝的意思，芳子要扮男裝的目的，並不像木蘭代父從軍那樣出於純良的忠孝的要求，反之，她是要盡「孝」於這一個異族的養父，盡「忠」於這養父的國家，做一個被提線變裝的木偶，換句話說，溥儀做了叛國的漢奸，芳子是比溥儀更起實際作用的，做了虎作倀的奸細，不惜作踐自己的身體，做著無所不為的最無恥的漢奸——女變男的間諜。

她被日本軍事當局所利用，從事勾結漢奸，偵查我軍情，至下嫁蒙古王巴爾扎之字凡珠兒札布的事，亦為日方所排演的美人計，但不久便又離開那王子而無形脫離了。在中國川島芳子自己曾經誇耀過，說她同北洋軍閥有密切的關係，許多外交官的祕密文件，都被她盜取，她有一個時候以北平東長街北京飯店做她活動的中心，為九一八事變造成了很大的功勛。更驚人的。她曾同土肥原勾結，綁架過傀儡溥儀。她在日本間諜活動史上，造成從來未有的成績。九一八事變後，她曾祕密來上海刺探中國軍情和政治消息，「一二八」上海之戰，是她最活躍的時期，她利用加入舞場為舞女，出賣靈肉，誘惑一般重要軍政人物，探取政治軍事情報，更膽大的就是設法與十九路軍某軍官結識，直接抄取軍事計劃，並假扮男子潛入十九軍路充當士兵，當日軍攻閘北的時候，賴伊之先偵知地形及我軍佈置，始得衝進。東北偽組織成立，她糾合一些土匪，組職了所謂：「鐵血義勇軍」，自任總司令，馬占山在東北抗敵時，她曾代表關東軍担任說客，並擬以鉅額金錢收買馬占山。總之，她是一個異常變態的女子。

及至日軍侵熱，伊復北來工作，奔馳於長城一線，日軍奉為女英雄，任喜峯口日軍第十四混成旅團被挫於我二十九軍後，日軍已至喪膽，終賴伊之密探工作，日軍得以突破我軍之某一線，轉敗為勝，故當日軍向欒東凱旋反東北時，川島芳子之名幾為日本國內婦孺所共知。

這幾年以來，她又不斷出沒於東北華北內蒙以及華中各地，到去年綏東戰事暴發的時候，她在熱河組織民團軍，變名為「金壁輝」，自稱為「熱河民團軍總司令」。

她除了做著這種種祕密工作以外，還在北平在她自己生父肅王的家邸開著一家掛著「東興樓」的招牌的酒店，自稱為老闆娘，據說那酒店是日本浪人與漢奸集會的地點，所謂「東興樓」只是作為掩護的名稱罷了。

她在上海停戰後，受了狙擊，其時創勢並不甚重，經過日人開設之醫院專門治療以後，不久即行出院，去年夏天在蒙古飛機場，又被飛機推進機所傷，帶著一個日本人的護衛秘書奧野直義（這人從前在上海工務局當過巡查部長）趁關東軍軍用機到東京，在東京下谷區芳町金井整形外科醫院醫治外傷性脊推炎的病，其住院的時期比上海時受傷要多二倍，因此可以推測其傷勢亦比較嚴重。

據她自己說：她養了大批幹部，日本人，中國人，暹羅人，朝鮮人都有，現在總數尚有三百七十人，每月要一萬五千元的經費，方能維持。她對這些人稱作「分子」，「分子」是日本語，恰如上海流氓社會中的「徒弟」之謂，她以「老頭子」自居，因為她是個女性，我們不妨稱她是個「白相人嫂嫂」的間諜頭目。

雖說她不過是一個白相人嫂嫂之類的女妖；可是她也會發表些「天道」的理論。《婦人俱樂部》（日文雜誌）的記者，因為她是男裝麗人的始作俑者，現在有許多日本姑娘都跟她學時髦，流行扮男裝，問她對於這有什麼感想？她用了男人的口調回答說「我為了生活（工作）的必要，才不得不穿男裝；日本的姑娘們為什麼也要違反天道所定的陰陽呢？剪頭髮，穿著男裝，唱男女同權論，這是沒有必要的吧。」她又說：「女人還是做著女人，被男子來可愛的好，當個主婦，平平凡凡的活著，生了孩子死去，這才是女子最高的道路」

她自己已做盡了各色各樣的醜態，毫不自覺，對一般的女性，她居然還厚了臉的主張賢妻良母，反對男女平權。「不知人間羞恥事」這句老話，不足以貶她，我們要認為這是她深受「王道」思想薰育的結果。談到她的戀愛觀，她表示如果有了理想的愛人出現，她就「回到家庭裡去」；然而談到結婚問題，她卻又說：「像我這樣的人，要是為了『日滿親善』或什麼有意義的事，那末對方即使是一個大傻子，也是要去結婚的。」原來她所「理想的愛人」，是在找個「大傻子」！

但是，事實上她從前是曾經一度下嫁給蒙古王子的，而且據傳說：她現在還把蘇炳文的長男當自己的養子；可見得她已有過家庭生活，不過，在她的家庭裡，要孕育生產的，是把「政治罪惡」來當結婚的成果吧。

第八節 擅施間諜技術的女間諜鍾若蘭

同川島芳子有著同等重要的日本女間諜，要算溥儀的同妹鍾若蘭了，據說她姓鍾，是因為她一度嫁過姓鍾的。她有美貌動人的色相，她風流浪漫，擅長交際，並願受各種刺激。由於這種條件，被日方間諜機關所誘買，在日人所設之間諜訓練班受訓，其中受訓女子有二十餘人，訓練結果，成績要以她為最佳。當她受訓完畢後，即與川島芳子合作，川島以其適合作間諜的條件，成績亦極優良，故很看重她，在川島所組織的「女子先鋒隊」中，曾一度擔任分隊長，並在上海擔任偽滿特務員，及辦過替偽滿宣傳的報館，在關內活動了三年，平津滬所結織的軍政要人頗多，她在北平時偵察冀察政務委員會內的一切重要祕密，利用她擅長勾搭的手腕，結識會內的某要員，並獲得許多的重要件。她的行蹤祕密，於一九三六年上季被平市當局發覺，曾下令通緝，她竟能消遙於網羅之外，潛入南京，施其間諜故技，她在南京住了兩個月，結果在下關被公安局偵緝隊補獲。據報紙所載，鍾若蘭被補後窮詰之下，發現重大事件之外洩者，業有多起。現在已被如何處置，則不得而知。

第九節　偽滿國著名女間諜宋瑞珠

偽滿國軍政部的情報科，係由日人主其事，成立時期，雖僅有四年，其發展頗為神速，利用女子組織嚴密之情報網，在遠東間諜史上，除蘇俄外，可謂已造成空前的偉舉。他們用盡種種的陰謀方法，驅使流浪在各地的大批白俄女子，分佈在俄滿邊境，化裝為各色各樣的神祕女郎，設法接近蘇俄的邊防軍，希冀偵察軍事的動靜；又派大批女漢奸入關在平津青京滬各大都市，出入於各交際場中，從事祕密活動。

其中關於女漢奸宋瑞珠化名范香白在各地活動的情形，以往在上海《社會日報》，曾有如此的記載：

日來平津兩地，發現摩登女郎數人，出入於交際場中，專事刺探我國軍政大事，報告偽國，蓋女漢奸也。其最著名而已為人發見者，為一范姓女子，名香白，年約二十，豐姿娟美，衣飾美麗，見者無不魂飛魄蕩，入其彀中，於是其奸計乃得售焉。有一張姓少年，頗有資財，所交外軍政界中人，常出入於交際場中。一日，忽於舞榭邂逅范女，驚為天人，以為必係名閨淑媛，遂施勾引，得通款曲。自此過從甚密，時偕出遊，惟於晤談間，常詢張以時事，張初不疑。一日，張以事赴天津日租界，忽見范女於一旅社中出，匆匆而去，張即入旅館探問，則范與一異國人相偕也，張乃大疑，一夕往范女於旅邸，方疑同赴舞場，忽范女衣囊中，有一如火柴匣之小冊墜地而未覺，張拾之歸，見其中所載完全為探得之密秘也。於是范為一偽國遣來之女漢奸，遂被發現。據聞范原名宋瑞珠，濱陽人，其父在偽軍中任連長職，瑞珠以貌美故，頗得李守信之歡。前次偽國欲刺探我軍政，遣女漢奸入關，李即舉珠瑞為薦，任為隊長，月薪四百元，交際費倍之，聞與瑞珠偕同入關者，尚有八人，分赴各地交際場中，年輕貌美，足以顛倒眾生者云。

第十節　阪西惠子與薩多烏斯喀亞

阪西惠子為日本陸軍名將阪西的一個義女，現在年齡已二十五歲了，傳說曾在北平某中國大學畢業，在上海時為日本軍事偵察機關擔任工作，且與偽滿國駐滬偵察處有密切關係，廿三年住海寧路某日本旅館時，且與漢奸王亞樵及陳克明等有關係，她於談話時與中國婦女無異，常著中國旗袍，有時亦著西裝或日本服，她對於政治問題有充分之認識，至其活動的區域，最顯著的要算平津滬三地云。

薩多烏斯喀亞，為白俄女間諜中之要角，她係長春日滿報館之訪員，她為日本間諜機關擔任重要的偵察工作，她的姓名是時常更換的，普通所用的有：「咯子揑次瓦」，「亞顧沈瓦」，「烏斯咯亞」，「別爾哥爾」等數個，她精通俄，英，德，日與中國等各國之語文，其早先在東京外務省情報中服務，於「九一八」瀋陽事變之後，奉調至長春工作，並於民國二十一年四月間國聯調查團抵滿州時，充任日方招待調查團之翻譯。旋派往平津及其他各處，在英美軍隊駐防區域，組織偵察機關，專門偵察英美軍官每日的來往情形，以後復深入中國政府要人之住宅，假冒英美僑民或傳教師，拜訪各要人與其眷屬，而乘機刺探各種軍政消息，聞收獲甚佳云。

第九章 日本偵探之活動及在華之破壞工作

日本偵探在日本帝國主義準備及組織戰爭之系統中，較其他帝國主義各或之間諜機關作用尤大，日本偵探之活動乃作戰計劃中最重大之構成部分，偵探之比重在日本至為龐大，其原因乃在日本帝國主義軍事經濟之相當薄弱。

日本帝國主義者欲與超過日本實力之敵人作戰，故其作戰計畫乃將純粹之軍事行動與分解敵人後方及以一貫搗亂恐怖行動——爆炸，縱火，佈毒，暗殺——擾亂敵軍之工作相結合。

日本偵探之重要特點，乃其經常為日本帝國主義所採用之軍事及政治冒險之前鋒，對中國施行暴力政策軍事驕恣，乃須動員日本偵探機關以行大規模之挑釁工作。偵探機關由是而踞日本帝國主義所採用之一切黑暗政治佈置之中心矣。

日本帝國主義全部偵探工作之指揮權，係集中於參謀本部之第二科。與之平行者乃海軍偵探中心，即海軍參謀本部之第三科，其間諜奸細工作主要在反對日本海軍假想敵——英美二國是也。其餘各種偵探均係服從此二中心者。

所謂合法偵探之人物——日本駐各國之海陸軍武官——皆完全服從兩參謀本部之第二科及第三科。

駐中國之日本陸軍及海軍武官，不僅於南京日大使館有之，且於各省之領事官均有之。此外，日人在中國亦有大批軍事「顧問」、「參議」、「分局」皆係「合法」偵探。各地參謀部之偵探部——關東軍（駐滿日軍），高麗軍，台灣軍，華北日本遠征軍——皆與陸軍武官相同。服從日本參謀本部之偵探部。

滿洲及內蒙華北各地有無數大規模之陸軍「特務機關」，事實上乃日本偵探巢穴。陸軍特務機關長，照例皆係大尉以上軍官中之日本熟練偵探與奸細。最重要地帶之陸東特務機關皆由大佐及少中將統率之。陸軍特務機關與武官相同皆直接參謀本部第二科。

日本軍閥之多數領袖人物，官階皆起自陸軍特務機關。日本間諜「專家」，尤以奸細見長之土肥原中將，不久以前曾因「功」獲膺師團司令。

日本帝國主義機關中偵探之重要，尤其自身之組織可以說明，日本陸軍中之每一軍官，除其自身之基本軍事專業外，不僅須從事作戰偵探，且須採訪偵探，每一部隊中，由師團至聯隊，均有獨立的採訪偵探，由便衣軍官任之，間諜奸細工作之組織，在軍事戰略計劃中乃成一有機構之部分。

日本之憲兵隊亦有獨立之偵探工作。日本之憲兵（軍事警察）主要執行反間諜工作，其首先在對士兵及軍官之「反叛」精神及其共產宣傳，同時日本憲兵隊經常散佈間諜及奸細於鄰國領土內，日本憲兵隊司令官常由現任將領中任命之，並服從陸相。現在日本憲兵隊司令官之中島中將，即係實職將領。日本將軍多半先經直接指揮憲兵之職位，除個別例外不計，日本所有師團長之履歷表中均有偵探反間諜工作之經驗。

現在日本陸軍中任實職之將軍，列舉其名足矣。坂垣中將（現任第五師團長）乃最著名之偵探專家，其與土肥原合力準備一九三一年九月十八日之「滿州事件」。不久以前尚任日本駐滿陸軍參謀官，曾任關東「滿洲」憲兵司令之年雄中將，不久以前受命為陸軍參謀長，大偵探岡村中將一時曾任參謀本部第二科長（即前任日本偵探領袖），現時統率第二師團，華北前日本駐軍總司令田代中將，過去亦任憲兵司令官，此中最為別緻者乃石原少將，其不久以前由大佐升為少將，且立即受任為日本參謀本部第一科「作戰科」科長。石原有日本最大偵探之稱，且有土肥原與坂垣的忠實戰友之譽。偵探專家之任日本參謀本部第一科科長一事，乃顯然說明日本陸軍中偵探之作用之大。

民事警察與憲兵同樣進行獨立偵探工作。警察專門挑釁滿洲及高麗邊境之居民，訓練挑釁幹部，並散佈密探於左翼及革命團體中，尚有領事外交偵探，隸屬外務省。（即所謂外務省情報部者是也）。

經濟偵探則由商業及轉運公司租借地公司，商業代表等行之，主要由參謀本部統治。此種偵探之接濟及組織均擇於大資本家或壟斷團體之手中。

最宜於實行偵探工作者，厥為國外通訊社或大報。駐國外之日本記者，多半與偵探工作直接相關。蘇聯已經斷定若干日本記者執行陸軍武官間諜之事實。

在東方各國，尤以在中國，荷蘭，印度，菲律賓，夏威夷等處為甚，日本偵探常化裝教徒之類。日本密探建立寺院造成間諜與奸細之支點。

日本軍官之被遣往國外為洗衣，理髮，僕役，廚師，挑夫之事，已為眾所周知。皆受命於假想敵國兵艦中從事奸細活動。日本海軍軍官於太平洋蘇聯海面，化裝為日本漁業工人，從事偵察，日本軍官並欲化裝為韓人及華人而入蘇聯。

偵探既為日本帝國主義軍事機關之最大構成部分，故日本偵探乃積極活動於日本侵略所向處。中國常為日本偵探所充塞。在蒙古已特設最著名之日本偵探，日本偵探向視蘇聯為其破壞工作之重要對象。

已如吾人所述，日本在華之偵探機關至為複雜，且合併而成一龐大之組織，日人在中國各省及各社會層中已展佈其廣大間諜網，倘以日本在華間諜乃外來分子，且按其國籍均係日人，此說實為錯誤，大半間諜係由日人所挑選之中國社會廢物，失意封建軍閥，賣國之買辦，白黨分子。此類間諜係由分佈全中國之日本特務機關，武官室，領事館等領導。日本在華偵探之卑鄙工作之最大部分，乃積極從事反對中國人民之挑釁工作。日本在華偵探欲離間其敵人不僅收買個別賣國軍閥及挑選賣身投靠之漢奸而已。日本偵探圖阻止強固之中國民族之團結。因此，日本偵探對中國一切中心組織均加以政治及軍事之攻擊，按日本偵探之意見，此等中心組織均為團結民族力之起點，一旦有於某種程度上能予日寇以打擊之政府或集團出現於中國，日本偵探立即對之加以攻擊，此種攻擊或由日本密探或尤其隸屬團體及人物行之。

對於中國中央政府，則日人特別努力用盡一切方法加強省政府之割據傾向（主要在華北與西南），日本偵探極力挑撥中央與地方之武裝衝突。如其不能成功，則日本密探乃從事破壞中國中央政府之力量與威信，其以政府內部意見不同或人事關係而投機，故意慫恿一個軍閥反對另一軍閥，滿懷鬼胎，使假想敵碰壁。

吾人已指明日本密探所用之各種掩護方式，近來因中國廣大民眾抗日運動之開展，日本偵探乃陽為君子陰為小人，自命為「抗日分子」。中國某省之大奸細準備暴動以引起內戰而利日人，曾用抗日口號而行。日本偵探自飾為「愛國派」、「人民之友」，要求取消中央政權，而以此種政權不能反抗日本侵略為口實。

日本偵探能適合環境，知不能在中國公然為日本謀利，乃教訓其間諜採用任何保護手段，僅為其能更加潛伏而為大害也。

日本軍閥視外蒙古為眼中釘，日本軍閥反對外蒙之陰謀，始於日本入寇西伯利亞之時，其時日本密探即圖潛伏蒙古，以便將蒙古變為日本之殖民地，此企圖已被根絕，因日本傭員白匪翁根已被擒獲並處以槍決。然以後日本偵探破壞外蒙之作仍無日或間。從事種族宣傳，（蒙人與日人「同種」）動員反動喇嘛，同時日本偵探在蒙古組織間諜與股匪，日本偵探曾大肆利用，一時佔蒙民百分之四十之喇嘛，日本偵探利用喇嘛在民間從事偵探活動及革命宣傳，此外，若干日本偵探曾潛入蒙古國民革命黨，從事分裂工作，蒙古現已發覺之若干國家主義者，均與執行日本偵探指示之挑釁者有所勾結。

日本偵探在內蒙之活動，所受阻礙固較在外蒙為少，日本特務機關在熱河與察哈爾兩省，有充分可能以徵募大批武裝土匪，用以反對外蒙及對中國之實力，日人在內蒙所造成之股匪及軍隊，係假手於蒙古王公及僧侶，然不為日人所信用，在華北亦如此，日本於遭受當地人民仇視之局面下從事活動，甚至恐懼其傭員之叛變，故日本偵探乃建立一並行之親日團體以為保證，日本偵探由此設想而出發，常提拔封建王公為匪股長官，使其在內蒙作戰，互相競爭，彼此監視，以取得日人承認其優勢。

第十章　間諜活動之形形色色

第一節　南苑日本間諜事件

自前年河北件發生以來，日本的間諜工員，（其中當然包含所有的一切祕密、公開、半公開的特務組織。）恰同那些便宜的走私貨一樣，依靠著他們特殊的權力，一批一批的被輸送到中華民族的每條動脈管裡去。

在華北，尤其是平津一帶，日本帝國的特務人員，是有超乎一切的權力，大批的逮捕與處死，公開的在那些特務機關裡執行著。他們到處設立賭場，煙窟，白面房，建築宏大的旅館和飯店，售毒，運私，翻印偽幣等營利事業，但這些不過是他們的副業，最主要的任務還是掩護那些為他們做特務工作的中國人，他們以非法營業所的利潤，來作為擴充特務機關的經費——

這早已成為有目共睹的公開祕密了——他們就利用著這個特別優良的環境，不斷幹出許多驚人的事業出來。

在三個月以前，北平南苑二十九軍的司令部裡，曾經發生一樁轟動全華北甚至全中國的間諜事件，事情的經過是這樣的，有一個住在南苑附近名叫王某的直魯退伍軍官，本有吸毒嗜好，加以失業日久，生活遂陷絕境，後由北平某白面房主人金某（諱人）介紹為鄰邦特務機間所雇用。專負偵察南苑兵營之一切軍事消息。王某為人亦頗精幹，在很短的時間中，他就假扮為南苑一帶的清道夫，混進南苑了。不久，他竟把南苑司令部裡各處駐紮地方，和一些高級軍官的行動，都偵察得很清楚。在七號那天晚上，他認為時機已經成熟，便潛入一位少校參謀陳某的臥室，他知道陳某今晚穿著便服到城裡去了，他就穿上少校的服裝，佩上一切符號，直向副參課官的臥室裡走去，該軍參謀長原為張維範，張氏因平綏路局事務忙迫，軍部的事情向由副參謀長張某處理一切，這晚恰巧張某亦因事外出，室外只有一名衛兵守衛著，王某因身著少校服裝，該衛兵亦未加以阻攔，遂由他大肆搜索一陣後，將副參謀長室中的一切書籍文件，行李等包裡一空，搬到院中停著的軍部汽車上——此車為軍部輸送車，平日專駛北平南苑間——遂命令車夫，一事開往北平城裡來了。

天明後，該部人員乃發覺副參謀長張某的辦公室被盜，少校參謀陳某回營後，亦發覺彼之服裝被竊，加以衛兵車夫的證明，遂一方向城裡報告，一方通知平市偵緝隊部，即刻出動協緝捕該匪，偵緝隊長馬玉林先派人向車夫詢明進城情形後，當天即查明此項贓物，現已落於日本特務人員之手，因知王某為日人所包庇該隊限於權力，故對此案頗感棘手，此時適逢日方機會難得，令王某即該再回南苑，偵察該軍新購的工兵機械，王某遂再冒充少校，當夜返南苑，偵緝隊長馬玉林這時以電話通知南苑軍部說：『匪人又回到你們南苑來了。』該軍聞訊大驚，即派人四出搜捕，終於在二道崗處，將這位冒充少校的間諜捕獲了。

審問時他一切都供認不諱，聲言為著生活充當日方間諜，並將一切經過供述頗詳，最後與彼一自新機會，只求不死而已，問到他盜出的那些東西，他說都在北平前門外振聲飯店，軍部便派人於九日晨將振聲包圍，該飯店主人為韓人金良鐸，此時尚欲依其權勢與二三日人，拒絕軍警進入搜查，並向軍警動武，軍警無耐，遂強制搜查，當在該飯店二層權上，查出全部贓物，內中除少數文件已無法追究外，其餘一切被服書籍，甚至箱中的一枝勃浪寧手槍，和八百餘粒手槍子彈等也全未遺失，事後王某判處徒刑十年，對那些指揮奸人的日人和振聲飯店等，則因種種之關係未加以追究。但平津的日本報紙還像煞有介事的說冀察當局「危害邦人安全。」「無故搜查邦人住宅。」請他們政府講求對策呢！

第二節　日本軍官調查團來華之任務

在幾個月以前，日本軍官（間諜）奉參謀部第二科的命令組織全華軍事調查團，調查全中國軍事設施情形。該團係由左列六名運官為主要幹部：

花谷少校（參謀大學畢業）

村本上尉（參謀大學畢業）

永森上尉（陸軍大學畢業）

安達中尉（士官學校畢業）。

山本中尉（下澤航空學校畢業）

吉林中尉（台灣海軍航空聯隊分隊長）

彼等於四月中旬祕密抵滬，帶有外務省發給駐華各地領事之公文以為協助進行工作，前後到過新疆，內蒙，山西，湖北，河南，南京，上海，杭州及廣東廣西等省市，調查陸空軍詳細情形，至六月底才完成任務返國。

第三節　軍事間諜團調查華北軍情

關東軍司令部諜報科聯合華北駐屯軍特務機關組織軍事間諜團，（內並有漢奸多名參加）以各該軍部軍官普通遊歷名義，於五月五日出發各地調查軍情，並請我軍事當局分令所部加意保護，決定沿津浦線向南調查，其地點為：唐官屯，滄洲，德州，然後返津，再由津抵平，由平出發沿平漢線向南調查，先至豐台，長辛店，再至保定，石家莊及順德彰德一帶，並轉往鄭州，順便調查附近各縣，再沿平綏線西上，調查南口，八達嶺，康莊至綏遠，以十日時間調查完畢，在綏留二日，再往百靈廟晤德王後各返長春及天津復命。其調查項為：

甲、日本方面：

一、各地駐軍駐紮情形。

二、一般訓練情形。

三、駐軍與日僑聯絡情形。

四、僑民準備避戰情況。

乙、中國方面：

一、調查有關軍事重要價值之各地形，並繪圖或攝影。
二、華軍駐紮情形。
三、各地華軍配備情形；實力狀況。
四、各軍隊軍官（注重高級軍官）之性能。
五、各華軍區域防禦工事建築情形。
六、各站（最注意鄭州）儲藏運輸軍隊之車輛數目，及一旦發生戰事之運輸軍隊數量。
七、在中日關係緊張中，各地華人對戰爭之情形如何。
八、各地民眾軍訓情形。

第四節　日間諜調查平漢正太各路情況

日本間諜常假工商業考察名義或化裝華人前往平漢正太等鐵路調查各所有機車，車輛種類，年齡，數目，拖引力，員工人數，營業狀況，以及一切枕木之微，亦必詳細記載其長寬厚薄，並將各項機器、資料拍攝起來，但當地政府官吏不敢加以制止，甚至暗阻我憲警之干涉，故日人如入無人之境。

第五節　日佛教假觀光團義刺探軍情

日本東京神戶等地佛教界假閱觀光團名義來華，據聞該團有若干團員均係軍事專家，其實在任務係調查我各地軍情，由華人名趙志恒者率領，先後到過杭州，常州，鎮江，南京，寧波等處，曾參觀杭州航空學校及其他有關軍事部分之機關與設備，攝有照片甚多，行蹤嚴守祕密，無異於間諜之觀光，故極堪注意。茲將其主要團員之姓名分述如左：

團長：大森亮順師（淺草寺貫主大僧正前天台宗總務長）

團員：綱野宥俊師（東京金藏院淺草寺教學部長）

大森真應師（東京醫王院比叡山專修院）

大森公亮師（東京無動院淺草寺醫院院長）

奧村良照師（品川區觀音寺天台宗第十一教區長）

大照晃道（上野公園本覺院寬永執事）

加籐幸圓師（岐阜美江寺僧正）

鹽入亮忠師（淺草善龍院，淺草寺社會部長，大正大學教授）

清水谷恭順師（淺草善龍院，淺草寺社會部長大正大學教授）
羽場慈考師（東京嶺照院，天台宗第十教區長）
和田智鋼師佐（世保市六町教法寺，海軍刑務訓師）
居士渡邊天洋氏（東京東亞聖學院總裁）

第六節　日本武官刺探重要軍事情況

日本參謀本部作戰科（又稱戰鬥科）為積極進行侵華政策，對中國之一切軍事情況，調查本極詳細，茲為更進一步之明瞭起見，曾訓令駐華大使館陸軍武官，迅速詳為調查中國之交通要塞及飛機場碉堡等處，並順繪地圖彙報參謀本部，以作對華軍事之重要參考，其最注意者有左列六項：

一、調查中國各省所建築之要塞數量及基所在地。
二、調查中國各省之碉堡堅固情形及四面聯絡設備概況。
三、調查中國全境軍用民用航空飛行站之數量。
四、調查中國飛行站之面積及空防等建設情形。

五、調查中國正規軍之確實數量，機械化及化學部隊之訓練情形。
六、調查中國戰時動員之準備及實方狀況。
七、調查中國軍隊主要駐防地點及其附近交通概況。
八、調查中國軍火製造廠廠址，平日製造軍火之種類及其性能與數量與儲藏情形。
九、調查中國空軍訓練情形。
十、調查中國空軍人員飛行機之數量與戰鬥之實力。

第七節　坂西來華活動後微笑

所謂「支那通」坂西，以往曾迭次來華秘活動，除與在野之政客，軍閥等，有密切之關係外，且與少數現政府之要員，亦有相當之聯絡。在民二十二年八月十一日抵滬時，曾作祕密之活動，當時外間頗多傳說，謂此來負有重大任務，最注要之事項有：一、調查南京政府歐美借款內情及所有舊債之抵押品，以作破壞與反對之張本；二、對技術合作問題之密切注意；三、為當時新來華武官鈴木中將介紹幾個可靠的漢奸，此種任務，旋即次節積極進行，是以一般無恥漢奸，均紛往求見云。

據當時社會新聞之載，略謂，坂西抵滬後，駐海寧路乍浦路之當盤館，日本駐滬之文武要員，紛紛請謁，歡宴無虛日。在此時中，也竟有高等無恥漢奸，突於次日中午在南京路一等廣東酒樓，設席為之接風。是午，適坂西與日友早定應酬之約，頗難遽諾。後經吳，張諸奸，再三懇請，當時坂西日友亦在座，以華友（？）既堅決邀請，自願改日重訂時間，再行宴敘，此位貴賓，終為高等漢奸所請到，席間日方陪客有鈴木等，以在酒樓公共場所間，並未作若何形式，只對諸奸，頻作微笑，主人吳，張等，感覺有莫大之光榮，甚為喜慰云。

第八節　日人探究匪軍火

有日人日森虎雄，無人知其原姓氏，旅滬甚久，對上海黑暗的生活，如打花會攝春宮影片，販買紅丸嗎啡，均曾參加。有時自稱學者，有時又故作浪人，行為變化多端，神出鬼沒，令人不可捉摸。數年前，曾與所謂西山元老居正等，合辦《江南晚報》，專以造謠挑撥中國內亂為能事，實係日政府駐在滬之一大本營，去年，日森在虹口鴨路開辦「大上海興行社」，竟公開偵探為職業，步西方福爾摩斯之後塵。是時表面上華人之間津者甚鮮，但其暗中陰謀則殊非局外人所能知。頃據某日本記者言，謂日森去年間亦曾祕密化裝潛入赤匪區域，研究匪區軍火子彈之來源問題，一月以後回滬，大受日本報之稱讚，咸譽其為日本市國之最大功臣。

第九節 日情報人員賄買我軍火夫施毒藥

鄭州日本領事兼情報處長佐佐林，奉天津日本駐屯運情報總處密令稱：「本處為設法減少中國軍事力量，以利皇軍之侵佔中國領土，著豫陝情報工作人員，在最短期間內，務須設法聯絡各地華軍之師旅團營運之火夫、馬夫、傳領兵等，如能聯絡全師或全旅之火夫者，獎洋五仟元至一萬元，其任務是促使各火夫於每日造飯時，施放慢性慣藥於菜飯內，囑勿驚慌，因此種毒性極慢，始由身體瘦弱，至於死期，或二三月或四五月不定，但工作人員須絕對嚴守祕密，對火夫等多派監視員祕密檢查，如有洩露情事，按工作員誓詞第二十一條處以死刑，聯絡成熟，獎洋絕無絲毫欺詐。」等語。據聞佐佐木雖接到是項密令，因其責任重大，恐被我當局發覺後，引起外交之糾紛，除囑咐一部分情報員設法進行而不甚積極外，並未實現云。

第十節　日人對西北邊省之陰謀活動

日人對西北一帶之活動，向極激烈，日方特務工作人員，陸續由草地到額濟納阿拉善兩旗者仍多，並有白俄多人在旗組織團體，受日人指揮進行破壞地方陰謀，聞日人對西北數省，已擬有重大陰謀計劃：

一、利用回民中少數不逞份子，扶樹偽政權，分割中國邊境。

二、挑起中國內戰，乘機侵略。

三、破壞晉綏各省守土抗戰運動，並擾亂晉綏軍後方。

四、截斷中蘇交通，並告成對華對蘇大包圍進攻基礎。

又日人為謀破壞中國之統一工作計，最近除派出高級特務人員三十餘名，分赴綏晉甘寧青新各省從事各種破壞活動外，並在津祕密收買回民中少數不逞分子，接濟大批軍火，暗輸新疆青海各地，煽動回民倡亂，致造成前次新省東境之戰事，目下亂事雖已平靖，迪化情形已復常態，迪化與甘寧間之公路，交通亦告恢復，但日方現仍暗中策動甚力，若不根本掃除禍根，亂事難免再度發作。

第十一節　負有刺探消息之大西北會社

張北通訊，日駐熱河承德之特務機關關員林田信，及駐承德之日憲兵隊長兒島正範中佐等組織之大西北會社，在察綏寧甘青晉陝等省徵省求社會，並令各地特務工作人員及委託各地日本新聞記者努力介紹，該社成立之目的，在刺探各地軍事，政治，經濟等之狀況，所有社員並須加以最迅速有效之特務訓練，其待遇則視活動能力服務成績而定，每縣最少要有一名社員，太原，長安，張家口，綏遠之歸綏，額濟納，阿拉善等各處，設有策動工作收集情報之專員，現已開始活動，另外在天津方面之日租界宮島街設立天理教會，收容過去之義勇軍及失意軍人，發給證明書，准其回東北工作，但須設法收買或聯絡散佈在東北各地之股匪及義勇軍份子，並由日人後籐信義郎組織「興滿討伐先鋒團」，預備在華北各地擾亂我軍後方，關於該團內部之組織計分四組：

一、破壞組：專門製造爆炸藥品，分發各地應用，破壞交通，擾亂治安。

二、諜報組：刺探中國軍政機密。

三、刺殺組：專刺殺抗日份子。

四、宣傳組：一面宣傳日本文明，一面聯絡各團體機關以及各地佛教會遜清旗民等，設法利用之。

第十二節　日人在閩之祕密團體

一、青年俠義社：在閩台籍浪人曾於前年承日方暗示組織青年團三團，後因搗亂秩序，經我方交涉解散，而台督府情報特派員，屢次活動恢復，均未得日領准許彼方近於團員中選遴精銳百餘人，組織青年俠義社，將社會分佈於本城台各處，專為保護彼方在當地之情報機關及各情報員之活動，並兼負情報工作，曾在本年六月中旬乘願本寺奠基典禮之日，召開全體社員大會，旋又在南台之倉前山及麥園頂居留民會內召集訓話，密授工作機宜，並嚴令俠義社社員在非常時期內擔任破壞福州社會安寧，使陷於恐佈紛亂狀態，並授予放火，暗殺，造謠等之方法，以我方特務工作人員為暗殺對眾。

二、正義團：正義團即正義團神社之簡稱，在日本為甚有權力之宗教性團體，團員散佈本國及中國各處，在中國設有分會，宣傳宗教，並帶有政治意味，九一八以後，該團團員酒井榮藏，即率武裝團員數百人赴東北擔任特務工作，前年八九月間，在廈設立該團支部，原支部長為日人森田，部址在晨光路某台灣人旅社。其時團員尚少，皆為日本人及台灣人，由鄭某墊用經費數百元，嗣森田與日人所辦之全閩新報記者衝突，該報社長訴於日領事館，轉呈台灣總督府，乃將森田調回，最近酒井改派台灣人陳某為該團廈門支部長，部址改設於橋亭街小典二樓，目下團員已有二百餘人，現仍廣事徵求，不分國籍，入團手續，須由團員二人介紹，具志願書，實行其宗旨，服從其規章，此種組織，頗堪注目。

廈門為五口通商之口岸，惟商埠僅限於市區，即今廈市警察局轄域，西濱海，東界山，東北至美仁宮，東南至碧砲台，市區外之廈門全島，為禾山特種區，轄於第四行政區，依照條約，外國僑民僅能僑居商埠，不能擅入內地，偶爾一往，須有領事館及地方政府之護照方合手續，惟目下事實上日本籍民，則常往來禾山，且有潛入雜居者，去冬以來，漳泉內地，台灣人潛入雜居，為數日眾，經政軍當局嚴厲取締，如本年新正，廈門台灣居留民會職員十五人遊禾山後，渡海至同安屬集美，被駐軍檢查護照，將之解往同安扣留，後經廈門日總領館請市政府派員同往領釋，被扣人並致道歉，事始了結。最近禾山等區署，亦禁止外人入禾山區內，有日人世江長次偕一台灣人往遊，區署特務員檢查無護照，當立令其出境，二人遂仍乘車回廈。

第十三節　日方在長江流域之間諜活動

長江流域間諜工作之積極發展，乃為欲實現其對華南華中之某種陰謀，如去年九月間日人擬佔領長江各重要口岸，即非法擴展領事館（成都事件發生其根源就在此）與添設特務機關，其時形勢亦極度嚴重，幸我當局處置得當，故未擴大變，當時在各報上曾有如此之記載：

「日本外務省，近為謀進一步明瞭中國長江流域之軍事，政治，交通各項實情起見，特自本（三）月五日起，除將原地情報機關擴大組織外，決在九江，漢口，宜昌，沙市以及長江上流之重慶，成都等重要埠市，設立特務機關，以期在工作上得到切實之聯絡與敏捷確實之功效，因此，藉故在成都設立領事館，派素以中國通（編者擬係日使館情報部之科長岩井英一）見稱之要員前往暗中著手布置一切，俾在短時期內即能如數設立完竣云。」

在長江流域中心之武漢，更為日本間諜目光所注集之地，間諜工作在此將有大規模之進展，自是意料中。如當時武漢報紙之消息：「本市日本駐漢情報機關，鑒於粵漢全路通車後，武漢兩埠，為中國政治商業之中心，一切均關重要，已經呈奉該國政府命令，全部加以改組，內設政治，軍事，文化，社會，活動，設計，經濟及交際等八組，每組設正副組長一人，組員十人，此項改組經過，已報請該國政府備核。」觀此，日人在長江流域之間諜工作，已有廣泛之進展，自無異義。

第十四節　密佈華南之間諜活動

日本南進政策，以台灣為根據地，以閩粵沿海作進取之目標，而閩之廈門，粵之汕頭，尤為首當其衝的目的地。小林躋造就台灣總督後，日台紳商及各項專家受台灣拓植會社和中南殊式會社之援助，組織華南考察團，一行八十餘人乘大阪公司之鳳山丸，經過廈門，汕頭，香港，廣州而至海南島各處考察，現該團雖早已考察完畢返國，担據悉該團表面為獻察經濟商業，實際已惹起國際間之注意，南進政策中之經濟機關台灣銀行，本年起擴張營業資本額，預備在各地多設分支行，同時設立各地商品陳列所，博戀會醫院，善鄰協會之文化報館事業（如閩報全閩報之類）亦擬擴廣，在華南各地多設華文定期日報，以溝通兩國之情感，以便加緊策動進攻華南的策政。

作為南進政策控制機關的台督署外事課，近已擴大組織，改為外事部，並在閩粵兩省重要區域設立情報機關，廣佈情報網，各處派有專員指揮，目下已加緊策動，大肆活動，最近台灣總督署為擴大組織廈門情報網起見，特加派曾受訓練之情報員數十名來廈，協同原有情報機關工作，並組織大和團，朝日團，蓬萊團等五個特種團體，互相聯絡監督進行。傳遞消息平時以台灣，廣州，廈門，汕頭，港香間定期航線之日輪行之，或用電報相通，並派有專員負責，在汕頭祕密設有間諜訓練班，以造就間諜人才，其班中課程有偵探術概念，間諜之研究，軍事偵察術，天空通訊，化裝術，照相術，中國交通地理，無線電學及收拍使用法，羅馬字符號，間諜與通訊術，「支那」人民之心理，出入公共場所之交際學等，訓練期間為四個月，以後有函授之商務班，國策講述，民眾組織法，及各種普通課程，甚至有危險應付法，口供等等，其中份子極為複雜，受訓畢後派往各處担任情報工作。

據南澳漁人言，日海軍人員最愛好南澳環島之風景，每次新到南澳遊戈之日海軍初來汕廈之時，必繞行南澳一週，有時停泊南澳附近，買新鮮鷄蛋疏菜等食物，漁船迫近後，即有日人雇船作嚮導，試測水之深淺，拍照岸上風景，有時登岸攝影，每次給漁船五圓或十圓，漁人大喜，以後每有日艦停泊，大小漁船皆趨往伺候雇用，饒平，澄海，潮陽往來各漁人所言亦相同，聞間有深入內地，自言係探礦者，每日給嚮導者十圓，並令不准對外人訴說經過情形云。

廣州虎門要塞，已大加整理，向不許外人進去遊歷，並禁止一切人民隨攝，虎門東莞縣太平圩為殊江流域出口之門戶，七月六日太平圩公立小學校學生中午下課，回村用飯，中途見有一人携帶攝影機，攝取砲台，學生向前細看，認得非本國人，急奔返學校，召集一班小朋友，將該人圍住，糾纏入太平市，交諸警察，詎警察不敢過問，欲縱之去，小學生大肆鼓噪，正紛擾間，適有當地駐軍某團長經過該地，問明情由，即將該人拘進團部，搜出精美快速之攝影機一架，攝有虎門太平全境風景多幅，查其身上雖帶有護照，其上所貼之像片，與本人相貌不同，當即拘押團部，電請上峰核辦云。

某次廣九車中有日駐粵武官室職員，因可疑被憲兵搜查，結果在其皮篋中檢獲有一方橫尺餘之紙地圖一張，係用筆繪畫，並非印刷品，該圖所繪者，為廣州市效如白雲山，瘦狗嶺，黃浦及廣九路之重要形勢，憲兵為息事寧人計，除將該圖沒收外，任令其去云。

又數月前香港口外各島嶼，發現可疑船舶試探各要塞海底之深淺，港政府發覺後，特組織警察隊，加緊戒備，如釣魚竿上有攝影機者，即行捕去，並搜檢海浴處遊客船艇，皇家兵工廠工人亦一律照相發給執照，其無本人執照者，不能進廠工作，以防間諜潛入，窺探軍事祕密。海軍船廠，因軍艦上之需要，加開夜工，必要時工人住宿廠中，不得外出，對於廠中一切工作，保守非常祕密，日前方有巨船從地中海星洲方面駛抵香港，停泊於鐸地船塢中，桅上昇紅旗，表示運載危險品，不許一切船艇駛近，不料於工人下工離廠之際，竟有日人潛進廠內辦事處樓中，攝取船塢港口風景，被工人看見，檢視結果見攝影機內片上，已攝有廠內各重要部分，遂將該日人押送警察署訊辦，據該日人言，本人初到香港，酷愛沿岸風景，不明禁例，警署除將底片全數沒收外，即予開釋，此種嚴重事件，各國駐港之通訊員，皆將此案電告各國報告，香港日領事水澤孝策亦在日文報上發表告日僑書，謂邦人無論如何愛好風景，或有何作用，都不宜為此云。可見日人在各地攝影一事，確已惹起國際間之重視也。

第十一章　日人指揮下的白俄間諜網

日本的間諜組織中，其幹部有日本人，朝鮮人、台灣人、白俄人、漢奸及暹邏人。此外尚有其他國籍的間諜，惟較前者為少，且極少有長久性質的，因其報酬昂而不能如其本國籍之幹部間諜可靠也。至朝鮮人、台灣人、漢奸及暹羅人充當間諜所擔任之職務，均係日人認為不重要之部分，惟認白俄為幹部間諜構成之主要者，因為白俄人充當間裡有以下數種優勝的條件：（一）容易避免中國官廳之注意，（二）白俄人長期流浪中國，對於中國的情形很熟悉，（三）又能刻苦，不懼犧牲，並且彼等曾受過軍事訓練，有充分之軍事常識，因此，許多白俄便作為對華侵略的獵狗，彼等不惜取得最少的金錢，而作最大的冒險。

現在偽滿的間諜組織，大多是白俄人主持，以哈爾濱為中心，已有很大的成就，在中國內地活躍的白俄間，以天津為中心，他們的間諜網日益擴大，直接受日本特務機關的節制，並擔任各種恐怖的行動，重要的活動地帶有下列各處：

一、西安：白俄人古得拉延哥（前奉天空軍教官）便是日本間諜的主腦，工作人員有施司達可夫及坦柏爾格兩人，他們與鄭州太原的特務機關聯絡，活動方向不明。

二、張家口：有大規模的所謂「軍事考察團」，該團領袖為當地特務機關長日人大木四郎，次要份子為前蘇俄駐華顧問白俄人顧申（前飽羅廷顧問團之團員），他在張家口活動頗烈，白俄人渡羅先可也是一個極重要的份子，他在張家口擔任日本與蒙古新疆間的聯繫，他與蒙古王公相識，無論何人，只要有他的簽字，便可自由入蒙，他不僅是日本的間諜，並且他同白俄上校軍官喀勞深與加勞新，同是在大連的謝米諾夫的密探員，他們在張家口的任務，在勸告蒙古王公聘請謝米諾夫為教官以建立蒙軍，反對蘇聯，據聞前次綏東戰爭發生時，加勞新曾率領日俄華一隊軍事密探，在綏蒙境內進行搗亂工作，平綏鐵路的炸毀，便是他們的勞作。

三、北平：從前在平擔任日本間諜的白俄人，是謝米諾夫部下佛利得蘭里，現已由司比施尼代行，有白俄間諜多人，歸其指揮，與河北省某保安司令有密切的關係。此外尚有葡萄牙人可山羅（日本特務機關外事問題情報員）亦彼此密切聯絡。據聞現在派有白俄間諜三人赴新疆擔任軍事偵察。

四、天津：受日人津貼出版的俄文亞洲復興報發行人巴司都興，是日軍部的重要軍事間諜，劍橋路三號之巴弗洛維契，便是日本特務機關俄國偵探部的主持人，他們有若干白俄部下，在天津組織法西斯黨，進行祕密工作，此外尚有重要的間諜，如阿西波夫，密茨哈洛夫，維施尼司基，多夫曼，司羅加昨夫，司羅加昨瓦，並托巴乙夫，加拉密雪夫，烏特可夫，託克馬可夫，特布奴可夫等等，皆供職日本特務機關及憲兵隊，這些傢伙，自認是侵略者的獵狗，他們公開活動於河北省內，並在津浦鐵路沿線祕密活動，各大站迭有發現，以天津為中心，進行種種陰謀，他們把反日的學生當作敵人，並且慘殺罷工的工人，他們的殘酷和專橫，超越了日本的軍人。

又悉，日方近收容流亡津市之白俄竊犯二百名，加以特務訓練後，遣赴北平祕密活動，北平東交民巷已有發現，據當局得報，此項白俄受日人促使，有種種擾亂計劃，其目的地為北平天津及北寧，平漢兩鐵路線，據調查流亡津市白俄共約千餘名，散居特別區一，三兩區（舊德俄租界）此輩白俄，有職業者不及五分之一，大部充任舞場樂師，酒飯庖師，及賣肥皂，毛氈等，其餘則游手好閑，女子多淪為娼妓，特一區芝罘路一帶，有白俄妓館數十處，俄妓二百人，祕密賣淫者尚不計，至失業白俄，除少數弱者在車站輪埠行乞偷生外，餘均淪為竊盜，因以往我當局對此輩白俄取締甚嚴，遂無立足之地，日方見此，認為有機可乘，乃用豢養漢奸之方法，對白俄大開方便之門，本年三月間，日方招撫白俄竊盜團達二百餘名，每名每日由日方給以少許生活費，並由日方派人嚴格訓練，截至現在止，約有一百餘名訓練期滿，各負情報及擾亂使命，分派北平及內地各處，祕密活動，日方用心之險惡，殊不可忽視也。

五、青島：在此處的白俄人，如永羅格拉多夫，見古列維契，巴弗洛夫，司特班洛夫等，均與日本特務機關勾結。他們是純粹的間諜，只是以出賣消息為職業的。

六、上海：日本的白俄間諜，在上海潛伏最多，比較有勢力的白俄法西斯黨的組織，即與日方有密切之關係，該黨主腦柏爾明羅夫及上海方面之分部長皮爾米諾夫，分部以下之第一區長伯特利闊也夫，煽動政治部長達尼羅夫，煽動政治副部長喀爾嘎諾夫組織部長斯特拉施尼闊夫，秘書達尼洛夫，第一參謀長胡多列伊，團長戈藍特等均係日方之重要間諜幹部，他如哈爾濱派來的恐怖團人員，如庶可夫，亞拉乙夫，喆基剌夫等亦頗重要，其他如加明新基，克利華奴契哥，克列司，巴弗洛夫，耶維于司基，莫拉夫司基，古興，蔡運尼克，哥列司尼可夫，波羅可夫，加蒂施尼可夫，哥羅茨密，貝克（即克奴格）克往洛利凡斯基，司羅波夫，往奴西寧等則是日本支薪的上海密探，今年東京又派來白俄間諜華度滋夫，岳獨諾夫等九人，長任重要職務，由日青年學校小野主持特種訓練，這些間諜概歸日本上海特務機關長楠本大佐領導。

以上所述便是日本在華白俄間諜網大略的情形，這些間諜的活動方向與夫刺探消息的情形，在平日各報紙上迭有記載，並且均係偏重於軍事方面為多，據聞白俄間諜在中國活動的成績，是很可觀的。

第十二章　日人策動下的漢奸活動

第一節　漢奸的作用與成因

在每日的報章雜誌上，都可以看到若干各地民眾或軍閥失意份子，受敵人物質的誘惑，或受敵人強力的壓迫，或出於私慾的縱發，甘心受敵人的利用而作漢奸一類使人痛心切齒的消息，至於他們的工作不外：

一、刺探各地駐軍實力及防禦計劃。

二、破壞鐵路或公路沿線重要交通處所。

三、散播謠言，擾亂金融市場及淆惑民心。

四、挑撥或離間中央與地方當局及各地民眾團體間之感情及鬥爭。

漢奸之種類為：一、親日份子（准漢奸）二、倒戈隊伍，三、傀儡。從廣義方面說，無論普通所稱的間諜或特務，皆可謂漢奸。且准漢奸親日份子之流，以前利用特殊的局面，在夾縫中找出路，表面上為求減少雙方的摩擦作用。實則藉此為個人攫取金錢名位，倒戈隊伍在平時受國家的豢養，人民的供給，一旦有警，則接受敵方的條件，甘行退讓或叛亂，傀儡組織，大如偽滿的溥儀，鄭孝胥，張海鵬，平津的江朝宗、齊燮元，小如冀東的殷汝耕及蒙古的德王等，皆係沐猴而冠，群兒自貴，貪一身瞬息之榮，貽民族百年之羞！故親日，倒戈，傀儡之徒，其地位及影響皆比普通的漢奸為重大，普通的漢奸，其為害譁及局部或一方面，而甘心媚敵降敵者，其有關全局之安危及國際視聽至鉅，吾人未可一例視之也。

偽組織中，除浦儀外，以偽國務總理鄭孝胥為鼎紅，然而兔死狗烹，鳥盡弓藏，曾幾何時仍復被迫下台，張海鵬於九一八時，手掌兵符，論其實力，足以抵抗當時的日軍，綽有餘裕，彼乃不此之圖，而甘做漢奸，但不三年，卒至兵權被奪，身敗名裂，愧自懊悔，而仰藥自殺，殷汝耕在冀東組織非牛非馬之偽自治政府，偏用飢餓線下的愚民，撒散慌謬傳單，遊行示威，偽造民意，淆惑視聽，殷汝耕此種賣國行為，國人欲吃其血，寢其皮，固不待言，而他本人終於淫威不久，於通縣偽保安隊反正時，遭其後台老闆的憤怒，雖苟幸逃出通縣而暫免於一死，而未幾仍被其後台老闆槍斃於天津聞，消息傳來，人心大快。言之，可惡亦復可憐，漢奸的下場原來是如此的悲慘！

第二節　華北漢奸活動的內幕

天津日租界為藏垢納污逋逃之淵藪，近年復因反動分子不獲立足之地，遂成水流就下，匯聚於海，紛來津市隱匿，藉洋人勢力以為屏障，不斷為非分圖謀，日本軍人復以善用傀儡漢奸等名於世，乃乘間剔擇，量材器使，而必達到各受利用而後已，所以日租界內漢奸傀儡聚居尤多，組織各種非法團體，為不穩活動亦最力。盡將各主要漢奸團體分述如左：

一、東亞協會：該會與日人松井石根大將所辦之亞細亞協會為一體，現由前北京政府財長劉恩源及前江西鑛務督辦鄭萬瞻主持，不久以前日少壯派青年黨領袖軍人橋本欣五郎大佐亦已加入，充任副會長，會址設津日租界香取街七號，為日方對華北特殊工作的大本營。

二、普安協會：該會為前直魯軍警督察處長厲大森及日人小日相主持，受關東華北兩軍部指揮，以青幫中下流份子為鷹犬，與東亞協會同屬日對華祕密工作之大本營，過去津市各種偽自治運動，及散發標語傳單，反對中央，捏造挑撥消息等事，皆該會所為，在一般特殊組織中，日方認此會最為得力。

三、人類愛善會：此為日大亞細亞協會與滿州國協和會共同組織之機關，專以收買青年學生，由文化浸潤，變易其思想，使之親日，而供日方驅使為宗旨，如中等以上學校，如有排日反滿思想青年，則設法聯絡，或以恫嚇，或以金錢，務使其改變原有主張，提倡世界大同，復興王道主義為宗旨，該會辦有人類愛善互助日語學校，吸收青年入校者達五百餘人，又辦有中日密教會，由宗教方面灌輸華人親日思想，設立一年半，頗著功效。

四、華北五省防共自治協會：此為河北省香河漢奸武宜亭及任邱漢奸王濟中，安次漢奸劉中儒等所組織，欲藉自治之名，實行賣國求榮之實，而同時具有響應偽冀東組織之意，近來因各地防範甚嚴，已不甚活動。

五、河北省人民防共自治協會：此與前會性質相同，為前直魯軍長張膺芳所組織，所擬採取之途徑，亦與前會如一，現亦因日方不甚利用，終止活動。

六、天津市各界防共自治後援會：此與前兩會相同，為普安協會中人及庸報社長李志堂張遜之所主持，現無甚工作。

七、華北五族防共委員會：此為新近組織，設津英租界十四號路桐華里由劉恩源，鄭萬瞻，方永昌等主持。

八、天津市各界防共委員會：此亦鄭萬瞻，厲大森與朱枕新等人所組織，與前項組織性質相同。

北平漢奸之活動，雖較天津略遜一籌，但最近以來，亦有驚人之發展，並且以往暗中活躍之漢奸，亦極可觀。在北平前攝政王府時，本集有漢奸六十餘名受訓，現由日人池源派赴古北口南口，及十三陵一帶，與各該地民團土匪切取連絡，臨行時每人發給大洋二十元，七月中旬池原又在北平東城煤渣胡同青幫家廟，招集漢奸會議，到場者有杜同五（北平人）羅松山（固安人）金玉明（大興人）及日人三本英子（女性）橋本，中德等人，其報告及決議事項如左：

一、在冀東十三陵一帶已收編民團四百餘名；

二、在永清一帶已收編三百餘名，由張璧負責。

三、速派人送給養，候中央軍至綏遠時聽命。

四、奉特務機關長松井太久郎命令，候滿軍開抵灤平，及日本海軍到達秦皇島時，再下令協同動作。

五、新有派赴華南華北華中及沿鐵路之人員，迅速設法通知，最近之計，候劃令分發工作。

六、平漢北段如有魯韓軍西過時，著令張璧傳達消息，並派日人九思，韓人朴玉孝，為平漢北段特派員。

七、每人先接濟洋五十元，由三本英子經手發付。

八、向鐵路工作人員聲明，能使列車出軌者，償洋百元，能使貨棧發火者，償洋五百元，能使彈藥庫軍械服裝等倉庫焚燒者償洋萬元。

第三節　日本關東軍策動魯人治魯

日本關東軍部，近來積極策動魯人治魯運動，現已密令駐津特務機關關員茂川積極進行，現茂川正召池宗墨、劉大同、周秀峯、袁步雲等在《冀東日報》內協議，並定左列計劃：

一、聯絡平、津、通、唐等地之山東軍政失意人員，力謀魯人治魯運動，一切經費由冀東政府撥給，俟到韓運動成功後，即依冀東辦法，成立自治防共政府，並即改組華北冀、察、魯三省自治防共政府，以池宗墨為長官，執行一切政權。

二、對我中央政府，則宣傳韓與日本締結自治防共契約，使中央不為韓助。

三、設魯人治魯辦事處於天津日租界，以劉大同，周秀峯二人負責指揮一切，並就近與天津日軍司令部，採取密切聯絡。

四、在冀東方面之聯絡，由關東軍派邊一大尉負責並請其指導。

五、招集張宗昌舊部，以龍口為軍事根據地。

六、設立機關於大連與關東軍部聯絡。

第四節　上海自治促進會組織的內容

日人主使之上海自治促進會，會址在靶子路坂東醫院樓上，正會長為華人業律師之王國模，副會長為《每日新聞》社記者中村謙吉，秘書長為《日日新聞》社吳公樸，其經費係由日方供給，該會份子除中日新聞界外，尚有鮮人及中國流氓，計日方有岩井英一，村中謙吉，（副會長）《朝日新聞》森山喬，東京《日日新聞》田知花信，志村谷雄夫，大阪《每日新聞》上詔建吉等。華方有《日日新聞》社吳公樸，《大晚報》王乃勛，《中聯社》沈千里等。鮮人崔榮澤，林承業等。流氓有曹玉順，王大曾，吳進及林子實，劉玉池，王國模蔣逢春等二十餘人。並請日本《大東通訊》社社長高見，日大使館情報部中國班班長岩井英一偽滿駐滬外交辦事處處長謝頌石等三人為顧問。關於該會組織之條列如下：

第一條、本會定名為「上海市人自治促進會」

第二條、本會本《大亞番亞主義》聯絡中日「滿」三國之友誼反對歐美白種人之侵略，及國內軍閥之統治，實現亞洲之和平，促進上海人民自治為宗旨。

第三條、本會採取會長制，設正副會長各一人，會長之下，分設秘書，組織，宣傳，自衛，諜報，經濟等部，秘書處設秘書長一人，各部設部長各一人，幹事若干人，除會長由大會選舉外，其秘書長及各部長均由會長聘任之。

第四條、本會為增加工作效能起見，聘請日「滿」等友邦之先進，及國內之先覺者為本會之顧問或名譽顧問若干人。

第五條、本會會長任期規定一年，倘於第二次仍能當選者，可得連任，但不能繼續第三次。

第六條、本會聘請顧問或名譽顧問之人選，由會長全權辦理，而顧問工作之期，並不規定。

第七條、本會秘書長及各部長幹事等之任期暫不規定，隨其工作優劣而定其去留，由本會會長全權處理之。

第八條、本會會務規定每一年年終舉行大會一次，常會每月舉行一次，各部會議每週舉行一次，日期由會長決定之。

第九條、凡本會會長及一切工作人員，倘有私通敵人，洩漏本會祕密或破壞本會名譽及名譽及一切不法行動等情事發現者，本會即施行嚴厲之制裁。

第十條、凡本會會長及一切工作人員，須一律遵守本會法規，信仰本會宗旨，保守本會對外之祕密。

第十一條、凡本會會員及一切工作人員對工作上努力者，本會得隨時予以獎勵，但視其工作努力之成績，而決定之。

第十二條、凡有加入為本會會員者，須要本會會員二人之介紹，並經本會會長詳細考查許可，經大會通過後方得為本會會員。

第十三條、凡新加入之會員入會後，如未有工作及一切行動表現，認為確實信仰本會者，不得由介紹人，或他人通知新會員，為本會會員，倘有違背此條規定書，即根據本會第九條法規處罰之。

第十四條、本會經費之來源，除由會長設法籌借外，凡本會會員均應自由捐助之。

第十五條、本會條例如有未盡事宜，須要刪改者，本會員提出意見，而於每年年終大會時修改之。

第十六條、本會條例於大會通過後，即生效用

聞該會係日人利用作為造成上海不安之局面，尤其日本上海駐屯軍擬利用該會名義組織擴大之別動隊，其名額在一萬名左右，除在上海方面散佈五千名外，其他五千名擬分佈於附近各鐵路公路重要交通地帶，使之破壞橋樑，火車站，推棧，或軍械彈藥儲藏庫，及使之擾亂各地社會秩序，現已編成三大隊，第一隊設公大紗廠，由劉玉池主持，第二隊設豐田紗廠，由奚阿乾主持，第三隊設裕豐紗廠，由莊仲侯主持，每隊人數，定三千人，查上述三隊長，均係江北

人，在上海下層社會中流浪已久，情形查為熟悉，與日駐滬海軍特別陸戰隊參謀丁坂田清頗為接近，劉玉池並曾在日本憲兵隊中擔任密探工作有年云。

漢奸王國模，沈千里，王乃勛輩，前因工作不力，被日武官輔宇都宮責斥後，於七月六日下午九時許，王國模由日領事署偕一衣華服之日人，僱車往大西路日駐滬辦事處，後到者有日人四名，及漢奸沈千里偕一不知姓名者，並《大晚報》記者王乃勛（奉天人）即於該處舉行座談會，除由日人報告以往工作成績欠佳，並應由王國模、沈千里暨王乃勛等數人負完全責任，並允許只要王等能夠加緊努力，不咎既往外，並討論工作發展之辦法，討論結果決定實施左列各項：

一、必須於最短期內在華租交界地域，尤其日人住宅區內，多造成不安事件，如盜匪搶刦，破壞日人及其商行等（注意不得於租界內發生同樣事件。）

二、利用江北車夫之有責任心者，鼓勵其必抱犧牲決心，乘機造成地方當局（如警察保安等）之流血衝突。

三、拉攏有勢力之小報主持人並調查幫會召開座談會。

第五節　末路漢奸白堅武圖依偽滿

白堅武自前年豐台事變失敗後，在日駐屯軍部方面已失掉信用，白本屬川島芳子一系，川島因土肥原派受排擠於華已，軍部不其活動，鬱鬱不得志，歸長崎養疴，白堅武遂成孤鬼，曾投駐軍部，欲加入天津特務機關茂川秀和所籌劃之神祕活動，奈因豐台事件失敗，款項支付不清，為茂川所不睬，後因投入冀東方面，擬為殷汝耕活動偽防共運動，殷亦不願引用，恐其有反覆行為，阻擬其圖謀，所以白即匿居津日租界談路街二十一號，一籌莫展，但旋又托石友三向宋說項，原得一名義，每月須得車馬費五六百元，略貼家用即可（宋朱允，白頗愧恚，故正與漢奸馬恒貴，郝鵬、此一人均前次津變時之便衣隊首領）等人祕密集議，欲走關東軍駐通州特務機關長細本繁中佐門路，依附偽滿，在冀南與冀西一帶，為一特殊組織，倡議華北防共，以為禍亂為冀求出路，對宋作報復之舉，日前曾告其同黨，此次舉事，絕不如豐台事件虎頭蛇尾，必須幹一番轟轟烈烈事跡，使宋哲元、殷汝耕不再輕視云云。

第六節　偽救國分子探刺軍情

日方最近訓練大批曾受相當教育之青年，喬裝大學生及愛國青年，分赴華北各省探刺軍情，及煽惑民眾，持亂治安，最近此般青年漢奸，藉救國會名義，在華北冀察綏晉四省出沒，其工作為（一）藉救國會幌子，蠱惑一般民眾不滿政府，俾分化我抗敵力量，（二）以救國論調，拉攏一般青年界，第一步探刺青年界之重要工作消息，第二步以邪說蠱惑，（三）藉救國會幌子，慰勞軍人，得聞刺軍情，（四）以極少代價，收買各界青年，隨時供給消息。

第七節　日特務機關徵集漢奸人才

日人在天津的特務機關因鑒於一般漢奸大都學識淺薄，致有大部分工作，不能勝任，故最近曾在華北方面物色人才，其辦法除由各日文學校（係日人所辦者）選派保舉外，並由華北各日商工廠洋行，公然登報招請翻譯員書記等職，然後再個別詢問，凡此後日方在華北擔任的工作（調查各種祕密消息及抗日團體與份子等）均將由此輩新進漢奸充任，聞最近二個月內，日方在華北所招募的知識漢奸，均有六七十人之多，且其中有曾受過大學教育的學生參加，誠使人有無限感喟，又悉，日人托各廠商代招漢奸，事先均有相當指示，並派員主持考試事宜，其個別談話，即廠商方面之重要人員，亦難參加，故一切頗為縝密，考取後，並施以相當之訓練云。

第八節 張北漢奸集中商都訓練

張北日方特務機關，所豢養的漢奸，為數逾二百人之多，且每一漢奸又豢養爪牙數人至百數十人無定，故其蔓延極廣，平日專供日方驅使刺探軍情及赴內地擾亂治安，以及在偽區內監視不願做奴隸者的行動，自前次張北民眾發生自衛行動後，日方對之異常震動，認為此風斷不可長，而一般漢奸工作不力，使日方未能防範於先，亦深以為憾，目下除派一部分漢奸約五六十名，先後赴綏東平地線及張家口活動，及至偽區調查現狀外，其餘百餘人，均集中張北訓練，由當地特務機關派幹員擔任教員，授以調查及軍事常識，以利工作，訓練期限，預定四個月，但如成績不佳，將延長二月，受訓期內，一切由日人供給，薪水對折發放，惟一般漢奸，平日持勢狐假虎威，無惡不作，其所得進益或數倍薪水，目下既不能在外活動，復以僅發半薪，莫不表示不滿，曾要求日方縮短訓練期限，以不超過三月為原則，日方正在考慮中云。

第九節　蘇北漢奸憑籍邪教活動

蘇省偏處江北，徐海地勢衝要，時有漢奸暗中活動，各地當局均在加緊防範戒備中，查蘇北漢奸組織，分為有形及無形漢奸兩種，有形漢奸多散於津浦隴海兩鐵路面，主其事者，多為白俄及朝鮮浪人之類，其裝束平凡，舉止浪漫，更有服裝襤褸，類似貧民者，每登攀軍人乘坐之各次慢車來往於徐州，海州，濟南，蚌埠，鄭州，開封一帶，據聞彼輩皆係別有作用，藉以掩蔽他人耳目，車站附近時見彼等蹤跡，或有蹣跚街頭，刺探我方軍機，或瀏覽名勝，調查地勢圖形，駐地軍警亦以此類之人甚多，故不勝其取締也。無形漢奸即為華人甘心做日方走狗，皆與有形漢奸有相當關係，其活動範圍多在城市及鄉村各地，專事勾結一般閑散軍人及無業流氓，利用彼輩知識簡陋，再以金錢誘惑，每受其愚，其活動方法，即假借某種邪教或道門為護符，抑或以此為號召，鄉村間之愚夫愚婦受其蠱惑者，實緐有徒，如過之紅槍會，聖道會等，其勢力幾將遍及蘇北各縣，曾經各地行政當局嚴行查禁，後始稍稱斂迹，近來又改名為：天仙道，保皇會，無稽道，窮人會等，五花八門，極盡怪誕之能事，會中有力者聞係漢奸份子，操縱活動，盛及一時，徐屬邳，睢，沛，揚，海屬之贛榆，沭陽各縣已有該項變相漢奸機關之組織，其舉動非常祕密，近自南北戰事發生以來，所有無形漢奸，均於暗中活動甚力云。

第十節　蚌埠破獲漢奸機關

蚌埠綰轂南北，交通便利，近年以還，日方迭派漢奸前來，刺探我方情形，陰圖擾亂治安，其活動方式，大多利用邪教名目，組織反動集團，散布妖言，藉資掩護，又皖北風氣閉塞，民多愚昧，傳道為名，易施誘惑，過去名稱不下十餘種。黨羽潛伏，迭經破獲，迄未剷除淨盡，其暫行免脫，絡落網者，即最近拿獲之聖賢道首領顧師元，金仙道首領李一採等是，查聖賢道一名神仙道，又稱聖賢會，以入道者須全家均入，故亦名全家道，平時以道門為掩護工具，潛作漢奸活動，以燒香拜佛，施放陰糧，祈天避劫等口號，誘惑民眾，皖北各縣，均有其組織，徒眾數千人，勢力最為雄厚，前年曾在蚌陰謀活動，旋被駐蚌之王均部防軍偵悉，將其首要中天九捕獲，解至徐州槍決，顧師元王文海等，逃匿無蹤，經最高軍事當局下令通緝，詎顧王竟於上月潛回，匿居懷遠縣境距蚌四十里之禹耳塘地方，（在劉府附近）祕密活動冀圖不軌，旋經駐蚌軍陳鐵師偵悉，派隊馳往，將顧王二犯，一併捕獲，並搜出證據甚多，解蚌審訊，現正偵緝餘黨，至金仙道則為道教之支派，理門之深一層組織，惟術在點精，近於修煉，能用點穴之法，令人精液上流，名為倒轉法輪，有順則成人，逆則成仙之說，該道內分太和，邱子，龍門等派，蚌埠首領為李一採，黨徒千餘，各省皆有，李作漢奸活動，甚為積極，往來南北，到處徒眾歡迎，儼然要人，唯以通緝在案，不公開活動，日前來蚌，寓正平街七號，為駐軍探悉，當被捕獲，其黨羽強永震，亦一併就逮，且搜出證據多件，帶至師部後，迭經提訊，供詞狡展，一時尚難結案李年逾五旬，鬚長盈尺，十足江湖氣派，頃與顧師元、王文海等，同押師部內，際茲大捕漢奸之時，此間近又發現天地壇邪教，聞為張勳餘孽，舊定武軍失意軍官所為，勾引無恥男女，在內祕密結合，且妖言惑眾，冀圖不軌，當局以該項邪教，有漢奸嫌疑，已嚴密注意，決將從嚴取締，驅逐此輩出境，以防反動，而遏亂萌。

第十一節　漢奸秘聞記

日人刺探中國軍政情形，可謂無微不至，其間除一部分由日人擔任外，其於大半係利用漢奸，因日人雖持有領事裁判權，在我各地橫行無忌，然我當局對於此輩日本浪人（實係特務人員），亦防之綦嚴，故日人亦不能任意活動，乃注重利用漢奸，因漢奸可避人注意，往往可以輕微之代價，得到重要之消息。

一般漢奸，受日人利用後，即由日本特務人員授以刺探軍之常識，並予以暗記。此輩漢奸，大半假裝小販與僧侶等，以避免外界之注意，且可因之而與軍隊接近，探得重要消息，據調查全國此類漢奸，總數已達二萬人之多，其實如能詳加統計，以依往各地破獲之多，及各方面之證明，其數當在二萬以上，舉凡軍事或其他重要區域，均有漢奸活動之足跡，至其代價，少者每日可得四五角，多者亦有三四元不等，令其探刺祕密重要消息，如能達到目的，即予以特別酬勞，此外且與漢奸言明，如一旦行跡敗露，被判處死，其家屬之生活費用，完全由彼方接濟，如被逮受刑後供出祕密，不但其家屬生活費不予接濟，且其家屬亦必完全置之死地。即其本人幸而得釋，苟全生命，然亦必加以暗殺，漢奸於受日人利用之時，必須宣誓，不得反悔，從此漢奸乃墮入彀中，無法自拔，一旦被捕，雖嚴刑鞫審，然除供認受日方利用外，對其中秘情，絕少肯供述，同時明知既然被捕伸頭一刀，縮頭一刀，不如守口不供，以冀本人死後其家屬之生活得有著落，實則日方所謂代漢奸養其家屬者，均係利誘漢奸之計策，漢奸一旦被捕處死，日方立即斷絕其生活費，漢奸家屬亦決不能公然向之索取，日人手段之毒辣，於可見一斑矣。

現在南北戰爭已經暴發，日人利用漢奸也愈亟，深望中國人，切勿貪圖些微小利，而陷於萬刼不復也。

一九三七、十一、定稿於首都旅次

附錄一　韓復榘施妙計玩弄土肥原

日方對魯省主席韓復榘氏，又一度施以威脅，希冀與傀儡之冀察政委會攜手合作。自西南問題解決，軍事財政整理妥當，中央今後視線，將轉向山東，而日本頗有混水中捕魚之企圖。以完成鞏固華北軍事地位之計劃。近頃關東軍宣稱，謂若國民政府干預山東一切問題，則日本將起而保護韓復榘氏。按魯省雖經一九二二年華府會議列強強令交還，然迄今日本仍視為禁臠。日本軍事陰謀聖手土肥原氏，前曾因此項重大任務，赴山東拜晤韓氏，並用盡各種方法，誘脅韓氏脫離中央，與已經日方在地圖上表明新傀儡之五省聯盟，進行合作，據平津盛傳，土肥原曾下一番嚴密佈置，須與韓氏作私人會晤，並謂談判須非常祕密，即侍役勤務，亦不准在旁云。迨韓氏抵指定地點，即被導入一室，時土肥原已待室內，其經過情形，頗覺神祕，土肥原即將華北一切詳細計劃，向韓氏傾篋倒囊而出，並盛稱韓氏一番，勸其參加日本軍事計劃，協助成立中日蒙聯合集團計劃。韓氏當時，對土肥原所述計劃，先則表示非常敬欽感佩，繼乃謂渠為一頭腦簡單之軍人，未習政治，並向土肥原建議，謂請與南京政府商量云云。其時土肥原仍堅持請韓氏加入合作，語氣論調，極盡誘脅之能事，惟韓氏始終表示反對。最後土肥原已按捺不住，即指向韓氏謂此室四週，已由日軍圍困，如不允所請，恐無生望。此時韓氏態度鎮靜，伸手衣袋，取錶看視，並指錶向土肥原解釋謂渠離總部來唔前曾下令所屬人員，如渠十時半以前，仍未見氏歸去，即須將濟南所有日人，盡行殺死。厥後如何結局，未有所聞，惟於翌晨，曾見濟南飛機場由空中停下軍用飛機一架，待土肥原登機而行，向空朝北飛去，絕未停留。數日後，此陰謀聖手土肥原即奉令返東京云。

附錄二　馮玉祥對付國際大滑頭土肥原之手段

日政客土肥原為日本侵略中國之惟一功臣，世人但知土肥原為陰謀家（土肥原有國際大滑頭之稱）而不知渠亦異常風趣也；土肥原前在山東，與韓青天（即韓復榘）鬥法一事，當時頗引起一般人資為談助，聞馮副委員長在泰山時，土肥原亦然數次訪馮，擬有以遊說，俾分化中國擁有實力官長之勢力，馮素痛恨土肥原等一般陰謀侵略家，最初終不予延見，土肥原恒枯坐數小時，不露怨狀，旋知馮氏生活簡單，乃携大餅前往充饑，以示與馮氏同志，但馮氏衛士暗窺其下咽時一付難說難話之神氣，不禁竊笑，乃以此報告馮氏，馮氏立飭衛士以火腿及濃茶敬，土肥原並囑衛士致辭，衛士如命，對土肥原曰：「奉上將命，以火腿濃茶敬先生，上將知先生日饜西餐，在此故食大餅以示同道，其用心至苦，但上將良不忍以此敬先生，俾免難於下嚥」，結果土肥原不敢食火腿及濃茶，亦不敢大嚼大餅，轉弄巧拙矣，最後一次馮氏待土肥原枯坐二小時後，即出現，穿衛士服，土肥原一時不察，馮即在客廳中脫帽坐下，土肥原注視良久，始驚起連呼馮上將軍不止，馮微點頭，土肥原正擬發言，馮立命衛士取書至，獨坐吟哦置土肥原於不顧，如是又二小時，馮對土肥原謂，今日精神不佳，請改日再談，惟可陪汝下山，土肥原卻之，馮不允，命衛士四人衛護土肥原，其後有衛士一排隨行，由馮指揮，如押巨犯，嗣後土肥原即不敢再訪馮氏矣。

附錄三　川島芳子浪漫史之一頁

日本報紙所喧騰的川島芳子，也就是外國報紙稱呼的「東洋曼他哈麗」的川島芳子，她以男裝麗人名於島國，生性浪漫，在鹿兒島男學校時，曾與同學發生過許多浪漫的故事，在十七八歲時，藉著她那豐艷的肉體，不知誘迷了多少日本浪人，幾乎成為一個「人盡可夫」的浪漫女子，與日本參謀本部第二科間諜頭目山村姘居的事，她的豔史轟動了日本三島。

川島芳子與蒙古王子用清朝儀式結婚的事，就是日本浪人排演的「美人計」，日本浪人看來，以為芳子一定可以很忠實的在枕邊多鼓吹大亞細亞主義，無如芳子浪漫成性，始終不安於室，不到半年，她便從蒙古逃回日本。

傳說，當芳子芳齡在十六歲的某一夜，她那種神祕的幻夢所附麗的「處女之寶」，是喪失在她那色情狂的獸性的乾爸爸強壓之下的，芳子曾因此而痛心狂哭，以為她已成了被野獸蹂躪的「破落戶」了，曾一度用手槍自戕，結果是只受了一點傷，而並沒有死，但以後就與川島決裂，隨著一群浪人跑到中國來，幹著神祕的間諜工作了。

附錄四　我親手逮捕川島芳子的經過

石青

我們押著那個看門的老頭走向正房，那裡是川島芳子的「香閨」。房門輕輕的撬開了，裡面漆黑的，就著室外的燈光，隱約看到房間的正中，有一張特大號的銅床，被一頂紅羅銷金帳籠罩著。我輕輕地邁步進去，右手執槍，左手去掀開帳門，「吱」的一聲尖叫，從床裡有一團毛茸茸的東西直向我撲過來。……

我從「通譯」升到「囑托」

一九三九年的北京城，已經淪入日軍鐵蹄下一年了，敵燄囂張，群魔亂舞，一些漢奸們正在鑽頭覓縫地圖邀新寵，多數不甘被奴役的青年學子們，有的輾轉投奔到大後方陣營，有的則默默地組成一支新的地下武裝與敵人鬥爭；而歷盡滄桑的故都同胞們則含垢忍辱，西望王師。

這一年的秋天，我奉了上級的命令，到北京去投考「新民學院」，這個學院是日軍佔領了北京才成立的，其目的僅只是為了訓練一批徹頭徹尾的漢奸，來做日本人的鷹犬。憑著過去所受到嚴格的訓練，我很順利的考取了，並且在學期間，因為表現特別「優異」，不但以最優成績畢業，並且還被選派到日本東京去接受進一步的「深造」。

一九四〇年（當時我也許應該說是昭和××年）。我結業後回到北京，立刻被任命為日本軍部的「通譯」，也就是北京同胞們所稱的「狗腿子」。最初，僅不過做點翻譯或者跑跑腿的零碎差事，但隨著時間的進展，逐漸取得了日本軍方的重視和信任，因此責任愈來愈重，接觸面也愈廣，短短的幾年，我就從「通譯」升到「囑托」，也就是在日本軍部裡工作的中國人所可能得到的最高階級。

事實上，在這段時期裡，我的真正職位是重慶軍委會××局的工作人員，所負的任務是派駐北京擔任行動工作。數年潛伏敵後，以日本軍部「囑托」的身分為掩護，我和我的同志們，曾有過無數次使敵人震驚喪膽的行動，也曾挽救過很多已經淪入魔掌或者幾乎陷於敵手的抗日志士們的生命。因為上級的指導，和我本身的巧妙運用，不但沒有使敵人對我發生半點懷疑，反而愈來愈被信任。

日皇宣讀投降的「御詔」

一九四五年九月三日，這一天的上午，我全副武裝（日本軍服）到北京的乾麵胡同軍部軍需部門去排隊領取配給食物，那時北京城裡的糧食早已被管制了，而且十分缺乏，所有日本軍部官兵和眷屬的糧食配給，都指定在那裡領取。我去到那裡時，已經有好幾百人在排隊等候，當我在那長長的行列裡排了不一會時間，忽然擴音器裡傳出：

「天皇御詔，天皇御詔，全體下跪……」

所有排隊的人都怔住了，不約而同的匆忙跪了下來，我也隨著伏在地上，心裡嘀咕著想這是怎麼回事？停了好一會功夫，一片靜寂，那些日本人惶然回顧，眼光裡帶著詢問的意思，但誰也不知道，誰也不敢出聲。

良久，擴音器傳出一陣沙沙的聲音，接著就是日本天皇裕仁低沉而緩慢地宣讀那篇歷史上有名的「向同盟國投降」的「御詔」。裕仁的話還沒播完，跪在地上的那些日本男女多已哭了起來，我聽了不到一半，已經明白是怎麼回事了，一陣無名的激動，猛地站起來，丟了手中待盛配給的布袋轉身就走。這時，在我身旁的幾個日本人在悲痛中驚訝地抬起頭來看我，因為沒有人膽敢在聆聽天皇御詔時亂跑的，等到他們看到我胸前所配的符號時（在日本軍部裡工作的中國人胸前有特定的標識、以與日本人分別），那種悲哀、恐懼、惶亂和不知所措的表情和目光，複雜得使我難以形容。但我不願浪費時間去研究它，匆忙地離去，因為我知道，緊接著而來的是更多的繁忙和更重的任務等待我去處理。

戰犯與漢奸都成甕中鱉

經過漫長而黑暗的八年，北京終於重見天日，勝利帶來了歡欣，也替我帶來了更繁重的任務。肅奸工作在淪陷區內，除了南京而外，最吃重的就要算是北京了。因為在淪陷期間，南京雖然是名義上的「偽都」；但北京卻顯然是另外一個政權，不但一切都另起爐灶，而且所管轄的地區也相當遼濶，因此在肅奸和逮捕戰犯的工作上，是格外繁重的。

軍委會在北京成立了兩個肅奸小組，我被派為第二小組的組長。八年裡潛伏在北京與我同生共死的同志們，現在仍和我在一起致力於逮捕日本戰犯和肅奸的工作。這兩項工作對我們來說，是比較輕鬆的，因為這只是八年來工作的延續，憑我們的了解和掌握的資料，絕大多數十惡不赦的日本戰犯，和漢奸傀儡，都如甕中捉鱉，手到擒來。當然間或也有幾個漏網之魚；但是只要稍假時日，略施小計，也都難逃法網，無一倖免。而最重要的是，因為我們深入日本軍部潛伏多年，清濁之分特別了解，因而不致有枉害無辜的情事。

經我手所逮捕的大奸巨憝，如酒井隆（日本戰犯，曾做過師團長並佔領過香港）、王克敏、王揖唐（曾任偽華北政務委員會委員長）、杜錫均（偽治安總署督辦）、門致中、齊燮元（偽華北政務委員）、周作人（魯迅之兄）等等，這些都是當年在北京呼風喚雨、喧赫一時的人物；而在我親手執行逮捕時，有的靦顏否認，有的跪地求饒，有的則幾乎當場嚇死，真是可笑亦復可憐。

生活在神秘中的金司令

提起川島芳子這個女人，似乎很少有人不知道；尤其是在華北，金司令的大名幾乎是家喻戶曉、婦孺皆知。川島芳子原是中國人，她的父親就是清末貴胄肅親王善耆，她的中國名字叫做金壁輝，因為她父親肅親王善耆在民國後流亡大連，念念於如何借外力以達到恢復清室的目的，不惜把自己的親生女兒送給一個日本浪人川島浪速為義女，所以更名為川島芳子。

川島芳子在抗戰時期是一個太活躍的女人，她加入了日本的間諜大本營黑龍會，她初期的美麗，曾顛倒過不少男人，包括日本戰時首相東條英機，京劇名淨金少山、以至許多有名無名的大小人物。她玩弄男性，以期達到她的某一種希望；她一生充滿著神秘性，日本人稱她為「男裝麗人」，憑她的機智與魅力，曾經從一個學生、一個舞女，而成為一個喧赫一時的司令。她一直生活在神秘中。

我很久以前就耳聞川島芳子的大名了，潛伏在北京工作的那一段時期，市井相傳，把她的美貌說為天人，她的間諜工作直似神話；但我始終緣慳一面，從沒見過她的廬山真面目，而且在工作上雖然我也曾有過和她正面鬥一鬥的想法，也因無此機遇，未曾一較身手。

勝利後，當我擔任肅奸工作時，因為在北京同時有兩個組，分別接受上級的指示執行逮捕任務，甚至有些命令是臨時指定的，所以在初期，我除了奉行已接到的命令外，並且對一些應該進行逮捕而還沒有奉到命令的對象加以監視，川島芳子就是其中之一。

奉到逮捕川島芳子命令

一九四五年的一個深秋傍晚，我奉到上級的指示，命令我立刻逮捕川島芳子歸案，這對於我來說是一件久所想望的工作，那時川島芳子早已經在我們的監視之中，對於她的一切行動，瞭如指掌；但因鑒於於她的重要身分，和傳說中的神奇，怕在這最後一刻發生意外的變化，因此我在亦喜亦憂的心情下，決定當天的深夜就開始行動，以期迅雷不及掩耳的完成任務。

在接到命令的當時，我立刻就派出了組裡的大部分同志前往川島芳子的寓所四週監視，一會兒，派去的一個同志打電話回來說：「川島芳子不在家裡，據說是去赴×長官的宴會去了。」（×長官是負責北京受降的。）我在電話裡除了要他繼續監視並且了解住宅內的情況外，另外又打電話到迎賓館指揮部那裡去取得證實，川島芳子果然在指揮部，於是又派了幾位同志到那裡去執行監視，我則與留在組裡的同志一方面等候消息，一方面計劃如何完成逮捕任務。

我們圍在一張書桌的四週，桌子上是一張川島芳子住宅的平面圖，這所住宅是一幢古老的北京公館房子，一共有三進，後面則是一個大花園。第一進只有一個中國老傭人，第二進住了兩個日本人，名義上是川島芳子的秘書，川島芳子住在最後一進的正房裡。整個住宅裡人並不多，只是有幾條狼狗很凶。我們把地形弄清楚，每人的工作也都妥善的分配定了，於是就靜坐下來等，等魚兒鑽到網裡來。

午夜，在長官部監視的同志來電話說，宴會已經結束，川島芳子回家去了。不一會，又有電話來說她已經到家了，一切如常，並無異狀。我在組裡耐心地等著，心裡在想像：當川島芳子這個名震寰宇的女魔王看到我時，她那美麗的面龐上究竟會是怎樣的表情呢？我默默地等候著，一直到次日清晨的四點鐘，然後率領組裡留守的同志一同乘車出發。

深秋的北京城，夜裡寒意正濃，街道上早已寂無人跡，當距離川島芳子的住宅還有很長一段路時，我們就停了車，然後步行前進；來到這幢壯麗的房子前，一個在那裡執行監視的同志迎上前來，打了一個手勢，表示一切都正常。於是，我輕輕的向同來的同志們揮了揮手，大家就按照預定的佈置分散開來，除了在宅外的監視仍由原來在那裡的人負責外，一部分人從後面越牆而入，我則率領了五、六個人去敲門。

這是一扇標準的北方老式大門，門檻很高，紅漆金環，厚重結實，我敲了好一會門環，裡面才有人出來開門；門才開了一條縫，我們就一擁而入，順手把那開門的老傭人堵截在門旁，同時其他兩位同志迅捷的制服了撲上前來的兩隻大狼狗，這只是一剎那之間的事，而我們已經悄沒聲息地進去了。

我簡捷地把身分和來意低聲對那老傭人說了，並且要他在前帶路，他馴服地答應了；於是我們走向第二進院子，分頭去逮捕那兩個日本秘書，其中一個是從床上拉起來的，一看到手槍就嚇得跪了下來；另外一個則聽見響動後，沒命的往後花園逃跑，但立即就被我們從後面進來的同志制服了。

一隻猴子和一個醜婆子

我與那老傭人和其他兩個同志並沒有停留而一直趨向最後一進房屋，一切仍靜悄悄的，真是做到了所謂匕鬯不驚的地步。第三進房屋的正面一排五大間廳房，正中間是個客廳虛掩著，那老傭人指一指左邊的房間，意思是告訴我們川島芳子就在那間房裡。

我帶了兩位同志，輕輕地撬開門，裡面漆黑的，就著室外的燈光，隱約看到房間的正中有一張特大號的銅床，被一頂紅羅銷金帳籠罩著。我輕輕地邁步進去，右手執槍，左手去掀帳門，後面的一位同志也配合著時間開啟房裡電燈的掣；就在我掀開帳門電燈亮起來的一剎那，忽然「吱」的一聲尖叫，從帳子裡有一團毛茸茸的東西直向我撲過來，來勢太疾，距離又近，我已經來不及開槍去打它，只好順手用槍管橫著甩過去，把那東西打落在一旁，那東西又是連聲的吱吱怪叫，才一落地就蹤身往窗櫺上跑，我定睛一看，才發現原來是一隻猴子，週身的毛油光閃亮，兩隻白色的眼圈和特長的兩臂，怪可愛的，但這時被我用槍管猛打了一下，又痛又怕，一面哭聲怪叫，一面沿著窗標四處亂竄。

這時川島芳子已經驚醒了，明亮的燈光刺得她睜不開眼，她欠起半身，一隻手揉著眼睛，一面連聲的用一口道地的京片子問：「幹嘛呀！你們是什麼人哪？」

這時我有著一份說不出的感覺，首先是帳子裡湧出來一陣又腥、又霉的氣味，接著在燈光下我看到一個骨瘦如柴，篷頭亂髮，兩顴高聳的醜婆子，一剎時我幾乎以為我走錯了地方，找錯了人呢，因為在下意識裡，多年來我所耳聞的是：川島芳子這間諜之后是如何的如花似玉，多少人為她的美麗而傾家蕩產甚至出賣國家民族，怎麼可能是面前這樣一個亞似無鹽嫫母的醜婆子呢！但是我知道我不會錯的，多月來的監視和縝密的部署，不可能會有如此離譜的錯誤；為了證實這一點，我回頭向身後負責監視她多時的一位同志問詢似的噘了噘嘴，他明瞭我的意恩，使勁的點了一下頭。這時我才算放心了，依照例行手續，我出示了身分，叫她起床，隨我們一同走。

「這是怎麼說的嘛？」川島芳子用她那清脆而富有嗲味的聲音問：「今兒個晚上我還在×長官那兒有個飯局，長官怎麼沒提起這檔子事呢？」

我回答她：「這是奉命行事，別的我們都不知。」

於是她就嘮嘮叨叨地訴說，她跟這跟那（都是些有名的人物）的關係，並且要求和×長官通電話。當我打斷了她的話頭並且嚴予拒絕以後，她又要求要上廁所；為了防範她有什麼意外的念頭或者借尿遁，我不理會她的抗議，堅決派那位隨我同來的只有二十來歲的未婚同志監視著她進廁所。折騰了好半響，她見無計可施了，這才無一可奈何地跟著我們出去；我派了幾位同志押送她先回站上去，留下了幾個人繼續在這幢房屋裡作一次徹底的檢查。

首飾匣子有如「百寶箱」

因為距離日本投降已經好多天了，一些文件之類的重要東西早被她給銷毀了，惟一值得一提的是我在她住的臥室的承塵上面一個非常隱密而精巧的機關裡，發現一個尺許見方的首飾盒子。盒子的外表非常華貴，有一副精巧而堅實的洋鎖，我們幾個人費了好一會兒功夫才把它給撬開，一掀蓋子，就像打開了小說裡的百寶箱般的，精光閃耀，映得兩眼發花。這裡面放的盡是一些珍珠、瑪瑙、琥珀、鑽石，其品質之精，手工之細，花樣之繁，幾乎沒有一樣不是價值連城。就中有一付項圈是由上千粒大小不等的鑽石所鑲嵌成的一隻鳳凰；栩栩如生，在燈光閃耀下，直似振翼欲飛，難以掌握。這一箱子寶貝別說我們沒看見過，連聽都沒聽說過，當時的感覺，這東西放在手上較之什麼重大的機密文件尤覺燙手。我連忙多叫幾位同志進來，在眾目睽睽之下逐一清點列單，並且由所有在場的人共同簽名封存起來，送回站上去。這個首飾箱一直到後來在移送川島芳子時，併同全案移送到上級去以後，我和那幾位共同清點的同志才感到鬆了一口氣。忙亂了一整夜，等到一切都安排停妥，天邊已露曙光。在深秋清晨的寒冷空氣裡，我深深地吸了一口氣，一絲涼意直透心脾，我並不感到疲倦，只有著長時間緊張和興奮以後的空虛之感，也似乎夾雜著一絲悵惘！這份感覺是為了沒有經過一場激烈的戰鬥，而我就親手制服了這名馳遐邇的間諜之后？還是為了這間諜之后的名不符實呢？我說不出所以然來！

Do歷史46　PC0462

日本侵華間諜史

作　　者／鍾鶴鳴
主　　編／蔡登山
責任編輯／李冠慶
圖文排版／周政緯
封面設計／蔡瑋筠

出版策劃／獨立作家
發 行 人／宋政坤
法律顧問／毛國樑　律師
製作發行／秀威資訊科技股份有限公司
地址：114 台北市內湖區瑞光路76巷65號1樓
電話：+886-2-2796-3638　傳真：+886-2-2796-1377
服務信箱：service@showwe.com.tw
展售門市／國家書店【松江門市】
地址：104 台北市中山區松江路209號1樓
電話：+886-2-2518-0207　傳真：+886-2-2518-0778
網路訂購／秀威網路書店：https://store.showwe.tw
國家網路書店：https://www.govbooks.com.tw

出版日期／2015年10月　BOD一版　定價／250元

|獨立|作家|
Independent Author
寫自己的故事，唱自己的歌

日本侵華間諜史 / 鍾鶴鳴編著；蔡登山主編. -- 一版. -- 臺北市：獨立作家, 2015.10

面；　公分. -- (Do歷史；46)

BOD版

ISBN 978-986-92127-0-0(平裝)

1. 情報 2. 軍事史 3. 中國

599.722　　104015680

國家圖書館出版品預行編目

讀者回函卡

感謝您購買本書，為提升服務品質，請填妥以下資料，將讀者回函卡直接寄回或傳真本公司，收到您的寶貴意見後，我們會收藏記錄及檢討，謝謝！如您需要了解本公司最新出版書目、購書優惠或企劃活動，歡迎您上網查詢或下載相關資料：http:// www.showwe.com.tw

您購買的書名：______________________________

出生日期：________年________月________日

學歷：□高中（含）以下　□大專　□研究所（含）以上

職業：□製造業　□金融業　□資訊業　□軍警　□傳播業　□自由業

□服務業　□公務員　□教職　□學生　□家管　□其它______

購書地點：□網路書店　□實體書店　□書展　□郵購　□贈閱　□其他

您從何得知本書的消息？

□網路書店　□實體書店　□網路搜尋　□電子報　□書訊　□雜誌

□傳播媒體　□親友推薦　□網站推薦　□部落格　□其他__________

您對本書的評價：（請填代號　1.非常滿意　2.滿意　3.尚可　4.再改進）

封面設計____　版面編排____　內容____　文／譯筆____　價格____

讀完書後您覺得：

□很有收穫　□有收穫　□收穫不多　□沒收穫

對我們的建議：______________________________

____

____

____

請貼
郵票

11466
台北市內湖區瑞光路 76 巷 65 號 1 樓
獨立作家讀者服務部 收

....

（請沿線對折寄回，謝謝！）

姓　　名：＿＿＿＿＿＿＿＿＿　年齡：＿＿＿＿　性別：□女　□男

郵遞區號：□□□□□

地　　址：＿＿＿＿＿＿＿＿＿＿＿＿＿＿＿＿＿＿＿＿＿＿＿＿

聯絡電話：(日)＿＿＿＿＿＿＿＿＿＿(夜)＿＿＿＿＿＿＿＿＿＿

E-mail：＿＿＿＿＿＿＿＿＿＿＿＿＿＿＿＿＿＿＿＿＿＿＿＿